夠了！我要辭職

I SEE，I COME，I CONQUER

阿部涼 著

楊鈺儀 譯

「步」這個字就是由「少」與「止」組成的。

——摘自日劇「3年B班金八先生」

＊意指：暫停也是向前的一部分。

序

二〇〇〇年我大學畢業，一整年都在待業。

當時正值金融風暴，全世界都不景氣很難找工作，一般人升上大學三年級，會去大學的職涯中心諮詢，或是參加就業博覽會與相關講座。

而我不分職務地投履歷給一百多間公司，卻沒有任何公司通知我去面試。

我待業了一年，住在鄉下老家的父親終於看不下去，於是幫我拜託老家的房地產公司，給我一份工作。

當時，年過二十三、被一百多間公司拒絕的我，終於覺悟——

在這個世界上，住著「這個世界」的居民，以及「那個世界」的居民。

「那個世界的居民」自小擁有夢想，且朝向那個夢想不斷努力，最後得以實現。

而「這個世界的居民」不論有沒有夢想，都只是不斷在各個「被賦予的環境」中跳轉。

沒錯，我就是屬於「這個世界的居民」。

對於工作，我不追求自我實現，也沒有為了價值、夢想而工作的崇高理想，我只是做好別人交代的工作，再想辦法找個薪水不多，卻溫柔體貼的丈夫，建構一個儉樸溫暖的家庭。

我下定決心，要成為一位親手做瑪芬蛋糕給孩子吃的「溫柔」母親。

當然，別說親手做瑪芬蛋糕，到現在，我已三十七歲卻依舊單身。

我還在不斷換工作……當時，二十三歲的我完全無法想像未來自己會過著這種漂泊的生活。

二十三歲。在快要被觸殺之際，滑壘進入的公司（房地產管理公司）……

我對房地產並不特別感興趣。

但是日本的泡沫經濟破裂，社會長期被「工作難找」的陰霾所籠罩，我能找到工作已很值得欣慰。

為了報答公司願意雇用這樣的我，讓我成為「正式員工」，我努力工作，取得房地產業務員必備的房地產仲介證照。

我買來三本考古題，每一本都讀三次，全部背下來。

結果，我竟然只考一次就合格。

二十五歲。開車載客戶去看屋，竟發生意想不到的交通事故。

我本來決定要一輩子都在這間房地產管理公司受人照顧。

但是，這個打算卻在某日突然破滅。

那是個新年剛過的大冷天，路上還殘留兩、三天前降下的雪。

我謹慎地握著方向盤，開公務車，載著帶嬰兒的年輕夫妻去看屋。

我把車停在兩線道十字路口，等待著紅綠燈，和客人談天說笑，此時，後方車輛突然打滑，直接撞上我的車！

更不幸的是，因為道路有點結冰，後方的其他車輛竟發生連續追撞的意外。

結果，釀成一起大事故。

那次意外之後（說來可恥），我便害怕開車載人、握方向盤……

當然，這對必須開車載客戶去看屋的房地產仲介來說，是致命的缺陷。

於是我只能不捨地辭去房地產管理公司的工作。

二十六歲。由於應急而展開的派遣工作（某企業的總機小姐）……

我為了轉換心情而前往東京。

打算一邊做派遣工作籌生活費，一邊找正式的工作。

我對派遣工作沒有什麼要求，毫不猶豫地接受第一個錄取我的工作——

某上市企業的總機小姐。

二〇〇三年，我被派去三個月前剛搬新家的大型企業。

我穿越擦得閃亮亮的透明玻璃入口，步入嶄新的接待櫃台。

樓。

那棟建築是新蓋的，一踏入大廳，建材的化學藥劑氣味便直竄腦門，真是一棟氣派的大樓。

身體出現異常……醫師宣布了病名，卻沒有特效藥。

約做了五個月的總機小姐，我的身體竟出現異常的變化。

雖然我早已發現自己有莫名的倦怠感，但當時以為那是換工作不順利而造成的壓力，並沒有特別留意。

但是到了後來，我連上床睡覺、閉上眼睛都感到眼球刺痛，無法入睡。

我去看了好幾次眼科，還是查不出病因。漸漸地，不只是眼球出問題，我還產生心悸、頭暈、想吐等症狀，連呼吸都變得痛苦，最後某醫療研究中心終於公布診斷結果——

多發性化學物質過敏。

過敏源是公司新大樓的建材。

當時，醫師乾脆地說：「這種病不適用保險，也沒有特效藥喔。」我只能哭著說：「我的人生完蛋了……」

二十七歲。在老家養病，熱衷於證券交易。

我為了養病，再度回到鄉下老家，依循醫師的建議，採用中藥與飲食療法，身體的狀況慢慢好轉。

當時，住在東京的朋友都忙著工作、戀愛，謳歌單身生活，而鄉下的朋友則是掀起第一波結婚風潮。同年級的同學都快速嫁人，孩子一個接一個地生，邁入人生的安定期。只有我一個人躺在床上，穿著睡衣仰望天花板，死氣沉沉地覺得自己被全世界拋棄，寂寞難耐。

在我自暴自棄的當下，意外得知證券交易正在流行。「我可以躺著賺囉！」我開心地投入證券交易。

我的本金是保險解約金——一百萬日圓。

不知道是不是因為新手的好運，我一度賺進三倍的本金，因此一頭栽入證券交易。

我不知不覺地沉迷其中，忘記自己是在養病，沒有按時吃飯，還縮減睡眠時間來研究業界情勢，使我變得精神恍惚，甚至曾失足撞破額頭，簡直陷入意識障礙的狀態！

而且很不幸的，我還集中投資，購買一支價格激烈波動的新興市場股票……

等到我終於恢復清醒再度開啟電腦時，我買的股票已大跌，所有資產如同石沉大海……

幾年後，我投資的那間公司正式破產，也正式宣告我的保險解約金一去不復返。

一年後，我的病穩定下來。

我以「不事生產者不得食」為做人的基本原則，所以開始做各種工作，連臨時工也做。

但是不知道為什麼，只要是我覺得「想一輩子在這裡受人照顧」、「和這些夥伴在一起，一定能愉快工作」，這些公司都會倒閉，或因欠債而半夜逃跑……

「難不成我是窮神？煞星？」我每天都陷入這樣的自暴自棄。

三十歲。正在我想著，終於可以獲得普通人的幸福的時候（幼教機構約聘人員）……

飲食均衡、增進體力、早睡早起，我維持健康的生活，過敏症狀幾乎痊癒。

於是，我開始了幼教機構約聘人員的工作。

每天和精力充沛的學童嬉鬧、玩樂。

這段期間，我獲得前所未有的充實身心，感受到工作的喜悅，也終於交到以結婚為前提的男朋友，簡直是登上人生的巔峰。

辛苦了三十年，我以為自己終於能獲得安定的身心，邁入人生的安定期，因而感到無比歡欣……

此時，過於興奮的學童竟然……毫無預警地用力撞上我的背。

我的腰椎骨折，被認定為職業傷害，於是我再度離職……

以上就是我的前半生，該怎麼說呢？光是「活著」就辛苦無比，真是和安定無緣的上半生啊。

炎炎夏日，我因為腰椎骨折而穿著束腹，使身體繃得直挺，不透氣的束腹造成的痱子，不只讓我嘆氣，也讓我注意到一件事——

原來……人生沒有所謂的安定。

只要活著，就會連續發生「不該如此」的事情。

既然如此……我決定要找出即使生活猶如一場暴風雨，也能滿足心靈的「真正想做的事」……

「我……我想活出自我……」

——這是一個探求天職的真實故事，講述一位「沒錢、沒人脈、沒男朋友」的單身女子處於世界級、百年難得一見、讓人叫苦連天的不景氣環境，以二十一世紀的東京下町為據點，不逃避煩惱而正面迎擊人生，花費一年試圖「找到想做的事，活出自我」。

如果本書能讓你感到「都有這樣的笨蛋了，我還怕什麼呢」，而放鬆肩膀，邁出第一步去尋找真正適合自己的工作……這樣，我的這一年就算有所收穫了。

阿部涼

Chap.2

深山修行 面對自我

Chap.3

北海道牧場 命中注定的相遇

*本書以真實故事為基礎，但顧慮到各個人物的隱私，部分情節為虛構。

Chap.1

向女性翹楚、銀座女公關學習

2011/11/03「傻傻尋找天職」

「唉呀，只能放棄啦，因為婚事破局啦。」

以老練手法為我戴上腰部復健器具的物理治療師小春（四十二歲），以沒精神的聲音這麼說。我已經跟腰痛共處四年，往後也會繼續共處……我與腰痛的關係比歷任的男友都長久。

「妳差不多該忘掉他，開始找工作了吧？」

「我累了，不想再為了無法持久的工作寫履歷……反正我就是這樣……啊……連我都覺得自己很丟臉……」

「反正？既然不持久，妳憑什麼這麼斷定？」

「包括打工，我已經轉職十九次了，這次的結果也是這樣，反正……」

「妳為何不想，妳在第二十次可能會遇見天職啊？」

「什麼？天職？」

「我想一定有讓妳打從心底喜歡的工作。」

離過兩次婚，年過四十的小春，有時會說出毫無根據、不切實際、很夢幻的話。

2011/11/06「早起的鳥兒先腰痛」

嗚嗚……腰好痛。從日漸寒冷的十一月起，我的腰痛便逐漸惡化。

我像蜈蚣般，趴在氣泡酒空罐散落一地的三十年公寓髒地板上，緩慢爬向流理台。我想伸手拿止痛藥，伸出去的手卻突然停止。

或許，我「工作無法持久的病」來自於我沒有遇見自己「真正喜歡的工作」……不，不，不行。我得拋開這種想法，不應該對工作有所好惡。

但是，打從心底喜歡的工作啊……我有嗎……不，我這個笨蛋，笨蛋！我都超過三十歲了，還有這種夢幻想法，會讓人笑掉大牙！

2011/11/07「充實感是什麼？」

某日午後，日本東京吹起今年第一陣強烈東北季風，我又來到整骨院。

「為什麼小春覺得現在的工作是『天職』呢？」

小春那雙在臉上顯得比例略小的眼睛向上看，喃喃地說：「這個嘛……」

她想了一下才說：「因為我不迷惘，這裡有需要我的人，這份工作給我充實感。」

「充實感？如果充實感能餵飽我就好了……

有價值、有充實感的工作……有這種工作嗎？」

我感嘆。

「妳如果懷疑，去試試看第二十次的轉職吧？」

雖然是我先丟出問題，但人生如此混亂之時，再也沒有什麼比雙眼閃亮、滿口正向言論的同性友人更讓人火大了。

幫助你找到真正想做的事

1 我嫉妒那些做自己真正想做的事，散發光輝的人，而這股能量使我向上提升。

2011/11/09「我不適合當上班族？」

沒錯，連打工在內，我已經換了十九次工作，但是，我主動辭職的次數卻可用單手數出來。

我有半數工作是因為身體狀況不佳而被解雇，其他工作則是因為公司本身的因素（就是破產啦）……

結婚告吹最根本的原因就是這個。

三十三歲生日剛過一個多月的某天，我被以結婚為前提交往的上班族男友甩了。

總而言之，分手理由就是「他沒信心養得起一個沒有固定職業的老婆，所以想取消婚事」。

晴天霹靂啊……雖然我很想這麼說，但是……

老實說，他攤牌時我不太憤怒，甚至想著「這麼說也對，一直以來都麻煩你了」，還有點同情他……

可惡。使我的人生一團混亂的罪魁禍首，就是沒有固定工作的宿命。

但是……假設「每個人都有屬於自己的天職」……

那麼，我便不倒楣，也不是煞星，只是「沒有找到適合自己的工作」！

啊啊，沒錯，若採用這個假設的方程式，我至今的人生即可完全說得通。

幫助你找到真正想做的事

2

假設：每個人都有屬於自己的天職。

2011/11/13 **「好想消失……」**

我脫掉當居家服穿的高中體育服，化上許久未化的妝，來到某間位於新宿的義大利餐廳。

這間店以前我和前未婚夫常來，它搭配酒醋的芝麻菜沙拉很好吃，是我最喜歡的一間店。從前我們真開心啊，當時我真的以為自己的人生已完成七成。

走出義大利餐廳，我記得自己還去了第二間店。我去二丁目的酒吧喝紅酒，等我注意到時間，最後一班電車已開走……而我在等待隔日第一班電車的期間，待了一間又一間的漫畫喫茶店……

這裡是高田馬場站。早晨的陽光輕輕灑下，躲在雲間的藍天清新美麗，對所有人來說，這似乎是充滿可能性的一天……除了我以外。

我好想吐，摀著嘴找尋廁所。

頭陣陣抽痛，胃翻攪不停，我在高田馬場站的月台上，幾乎要吐出前晚吃的紅酒與生火腿。

我看到「距離化妝室八十公尺」指標的瞬間，腳不知不覺停下來，化妝室已近在咫尺，但是我卻覺得吐不吐都無所謂了。

我並不是「想死」，或怨恨拋棄我的前男友而想要「自殺」。我只是在看到「距離化妝室八十公尺」指標的瞬間，意識到繼續活下去也不會發生半點好事，這想法如劇毒麻痺我全身。

與其說「想死」，不如說我產生「乾脆消失」的想法？

沒錯，我覺得與其去廁所吐，不如被電車撞飛還比較好，一了百了地擺脫這滿是挫折的人生，徹底解脫。

2011/11/15「麵包超人進行曲」

那天早上，在高田馬場車站的月台，我跨過月台邊緣的警示線，向軌道探出身軀，準備跳下軌道，卻馬上被站務員壓制。

站務員的腕力過大，使我吐出胃中所有東西，將那晚所喝的紅酒全數獻給站務員的制服。頂著一張圓臉，看起來人很好的站務員大叔，立刻從口袋拿出手帕，輕輕塞入我的手心。

我忍著想吐的感覺與難為情，接下手帕。攤開手帕的瞬間，我詫異地對上站務員的眼睛。

摺成四方形、燙得平整的小手帕上，麵包超人、咖哩麵包超人以及果醬爺爺，開心地對我笑。

是小孩的手帕啊。

「啊，不好意思，我拿到兒子的手帕……」

站務員很過意不去，鞠躬好幾次向我道歉，露出頭髮剃得有點短的後腦勺。

啊……這位站務員有溫暖的家庭呢，他有將麵包超人手帕仔細燙平的溫柔妻子，以及一個小鬼頭……我看著站務員的後腦勺，想著他的家庭，忽然，我腦中響起〈麵包超人進行曲〉。

是為什麼而誕生，為了做什麼而活？

竟然回答不出來，我不要這樣！

你的幸福是什麼，要做什麼才會快樂？

都還不知道就結束，我不要這樣！

我在腦中吟唱這歌曲，突然冒出一個疑問。

我的幸福到底是什麼呢？

如同〈麵包超人行進曲〉的歌詞：「你的幸福是什麼，要做什麼才會快樂？」我捫心自問，用力握緊手帕。

原來是這樣啊……三十三年來，我老是說「為了生活每天都已忙得暈頭轉向」，只是在找藉口，我只是在逃避自我，逃避去尋找「真正想做的事」。

在朝陽照耀的車站月台上，我頓悟這事實，覺得自己的行為很可恥……連跳下月台的想法都像白癡一樣。

幫助你找到真正想做的事 3

找到自己專屬的加油歌，放在心裡。

2011/11/19「總財產九十八萬日圓」

我去了整骨院，小春卻休假。

放棄復健回到家，我拿出三年來的看診收據，計算總花費。

結果……真是不可思議。

我過去三年的醫療費……竟超過兩百萬日圓！

這一切的起點是四年前於幼教機構擔任約聘人員，背部遭學童猛烈衝撞所造成的腰椎骨折。從此以後，除了一般治療，我還接受保險不給付的針灸治療與按摩等，為腰椎花了不少錢。此外，與前男友分手使我的精神狀態不穩定，一度深陷心理諮商、超自然療法與按摩的漩渦。

咦？什麼？等一下……久未查看的銀行帳戶餘額，使我全身猛然凍結。

我從小將紅包一點一滴存下來的三百萬日圓……我的……全部財產三百萬……什麼時候……只剩下九……九……九十八萬日圓！

九十八？這不是二位數嗎！這是什麼？我的存款什麼時候開始低於一百萬日圓？哇哇哇哇……我果然是無藥可救的笨蛋！

夠了，我決定！男人、結婚怎樣都無所謂！奮力一搏吧，只要拚命，什麼都能辦到，不論是什麼工作都能做！下定決心！

我要用剩下的九十八萬日圓，在一年內找到真正想做的事。

幫助你找到真正想做的事

4 我打定主意「找到真正想做的事，活出自我」。

2011/11/22「要找工作，還是婚活*註？」

我躺在棉被中，看著存摺上「980000」的數字，感覺像是把我生而為人的價值擺在眼前，面對這不上不下的金額，真叫人受不了。

明年快到了，當務之急還是來找結婚對象吧！參加相親派對或社區聯誼都好，去結婚介紹所登記也不壞，對了，也可以去媽媽推薦的相親吧……要在一年內找到天職？運用九十八萬日圓？荒唐、離譜，未免太沒有計劃了。

如果一年過後，我沒能找到真正想做的「天職」呢？

沒工作、被未婚夫甩、腰椎又受傷的我，「還有」三百萬日圓！
什麼……**餘額九十八萬日圓!?** 不到三位數!!
——看到存摺清醒過來的我
BANK
診療費
¥1500000
針灸費用
按摩費

存款見底，年紀比現在大，黑斑皺紋也增加……我隨心所欲一整年之後，會不會變成母親所說的**「價值不斷下滑的女人」**？

＊註：婚活，日本女性為找結婚對象而進行的各種活動。

2011/11/27 「轉職的原則」

某天早晨，我因腰痛與臉頰發燙從睡夢中醒來，緊握止痛藥的我，終於覺悟。

反正在三十五歲前找出真正想做的事，也不會有什麼損失，我還有什麼能失去呢？既然這樣，來揮霍一次人生吧。於是我下定決心，立刻訂立原則。

①限期一年。可用資金包括手中的現金與工作的報酬。

再揮霍也只有一年，只到三十五歲的生日為止。資金只有手邊的九十八萬日圓。

②不說謊，無論是對自己的心、過往經歷、年齡，還是對其他人。

不再努力掩藏自我、不想辦法讓自己看起來聰明，這些浮誇矯飾的事我絕對不做。因為我沒有繞遠路的閒工夫，我既沒時間也沒錢。

③百分百忠於感覺，從事會讓自己興奮、好奇的工作。

回顧過去的工作選擇，說實話，我總是以他人的目光、面子、報酬為優先考量，導致我對不斷重複的失敗感到極度後悔。

我以這標準選擇工作的結果是……轉職次數高達十九次。

所以，「讓自己興奮的工作」這條件我絕不讓步。

既然下定決定，趕緊找工作吧，反正對我來說，已沒什麼可失去了。

幫助你找到真正想做的事

5 決定尋找「真正想做的事」的期限與可用資金。

6 不是以面子、報酬、公司福利等，為找工作的考量，而應挑戰讓自己興奮、好奇的工作。

7 看清過去選擇工作失敗的原因。

2011/11/30「三十四歲的決斷」

三十四歲生日的深夜。

我為了節省暖氣費，穿著羽絨衣、戴毛帽，在單身套房啜飲氣泡酒，猶如身陷單人房監獄。

打開的電視播放著許多人的悲苦表情。他們是東日本大地震的災民，至今仍過著避難生活。

我強迫自己停下想轉台的手指……

不行，不可以把眼睛移開，自己的國家正面臨如此前所未有的災害，我還是要尋找「真正想做的事」。

我為了不被湧現的罪惡感與自責吞沒，使勁收縮腹部，像要烙印於腦海，盯著電視上的災情。

我握著氣泡酒罐子，凝視著電視畫面，迎接第三十四次的生日。

隔天，寄到我手中的生日禮物是「未錄取」通知……但是，我不放棄，因為我已下定決心。

三十四歲的我，將於日本首屈一指的花街——銀座，挑戰女公關！

2011/12/01「挑戰銀座女公關的理由」

Q：為什麼突然想要挑戰「銀座女公關的工作」呢？

A：因為身為女人，我很想試一次女公關的工作，而且我需要「氣勢」。對我現階段無家可歸的人生來說，最重要的就是幹勁與氣勢！

其實，我第一次和「銀座女公關」接觸，是十多年前。當時我是一間在銀座有分店的進口車展示場的派遣員工（現已撤店），我經常會接待與客人一起來店裡的女公關。

那時，接待組的主管跟我說：

「如果是女公關要買車，盡量建議她支付現金。」話雖如此，客人買的大多是賓○、凱○拉克等高級車，能用現金一次付清的人並不多。

沒錯，直接了當地說，主管的意思是「賣車給女公關，要避免貸款的付款方式」。

因為有很多女公關會在簽約期間取消訂單，也有很多人會遲交貸款，問題一籮筐。

某天，一位看似二十五至三十歲的女公關和她的客人一同來訪，他們說想買賓〇的SLK。

我像平常一樣介紹車子，開口問女公關。

「車子會歸在誰的名下呢？」

「我唷。」女公關嫣然一笑。

「這樣啊，既然如此……」我本想繼續說下去，女公關卻似乎察覺到我想說什麼，立刻接著說……

「請放心，付錢的不是我，對吧？」她挽住同行的男客人。當然，那男人一臉微笑地完成簽約。

直到現在，我仍無法忘記當時的衝擊。跟我年紀差不多的女子，只要笑一笑，就能讓人闊氣地買下七百萬日圓的車！

反觀我自己，又是怎麼樣呢？

我天天搭乘擠滿人的電車，從早工作到晚，每天過著極節儉的獨居生活。

雖然我在繁華的銀座街頭工作，卻無法買一件自己想要的洋裝，午餐也是吃前晚剩下來的冷飯，每天回家要先確認在超市買的即期品和小菜有沒有過期。可是，女公關這種生物，卻以「女性」為武器，嫣然一笑即能獲得七百萬日圓的貢品……

這是多麼強大、威風凜凜的生物啊？貫竄我全身的空虛感是什麼？看著「她」，潛藏於我心深處的「女性」意識疼痛了起來。嫉妒、反感、輕蔑、自厭、自憐、被害者心態……是啊，我知道，這明顯是嫉妒，也是為我身為女性的一生所感到的後悔。

在成功人士聚集、日本首屈一指的華麗花街，女公關以全日本的男人為獵物，把他們玩弄於掌心，我對這樣的工作既憧憬，又產生藏也藏不住的嫉妒心。

一次也好，我想窺探聚集「女性勝利者」的銀座女公關世界！

2011/12/05 **「無以抗拒的年齡」**

銀座女公關就職活動才第五天，啊……我想成為女公關的幹勁已經減弱了。

在高級進口車展場工作
呵呵
我想要七百萬的車～
買給妳吧！登記在妳名下！
哇～～
女公關啊……
嫣然一笑，就買七百萬日圓的進口車給她……
那就是女性勝利者！我也要成為女公關！
總是吃超市即期品……
CARD

「三十四歲」這個生物學上的年輪，果然是我最大的瓶頸……

別說後悔、難為情……我根本連面試的階段都到不了，不過以前我真沒想到，原來女公關這道門竟如此難闖……

我以電話告知對方自己的實際年齡與無經驗，這道門便關上。

我為網路徵人廣告的文案「年齡不拘，歡迎無經驗者！」感到歡欣，心想「這扇門還是大開」，便實際撥通電話，做簡單的自我介紹，報上年齡，沒想到對方立刻回答：「其實這次我們只錄取會有業績的女性……」或說：「因為有大批應徵者，所以目前不接受沒經驗的人。」以各種場面話來回絕我。

我用網路檢索，發現「夜間工作專門」派遣公司。

這和一般人力派遣公司大致相同，但派遣目標只有夜間俱樂部與陪酒俱樂部。要登記看看嗎？這樣是不是比較有效率呢？

不行，那種地方一定都是比我年輕、平成年代*註才出生的天真爛漫女孩最受歡迎。三十四歲的女性即使潛入那種地方，也只能成為襯托年輕女性的配角，忍辱偷生，被當作「很照顧人的大姊姊」。若再如此傷害我的自尊心，是很危險的。

＊註：平成年代，日本現任天皇明仁的年號，自一九八九年開始使用至今，相當於我們的八年級。

2011/12/08 **「結果當然被打槍」**

變更作戰計劃。光打電話等待面試通知並不會有進展，既然如此，我只好直接出門談判。

傍晚四點，我直接出門拜訪於網路公開徵人的V俱樂部。

V俱樂部位於銀座並木通走到底的大樓三樓。我走出掛著大面鏡子的電梯，有點緊張地推開厚重木門，菸味撲鼻而來。

微暗的房間中央，擺著一台閃閃發光的純白三角鋼琴。

這就是銀座一流的俱樂部啊……過於強大的氣場使我略微退縮，此時，我眼前出現一抹穿黑服的身影。

他的年齡似乎比我年輕一點，一頭短髮，我被他看似冷淡卻透著寂寞的瞳眸所吸引。

「請問有什麼事嗎？」

「我知道我很失禮，但是只要兩、三分鐘，可以請你們讓我接受面試嗎？」

「我們不面試沒有預約的人，請回去吧。」

「那個……我三十四歲了，也沒有這方面的工作經驗，但只要兩、三分鐘，請讓我面試……」

我慌張地將手伸進皮包，拿出皺巴巴的履歷表，遞給眼前穿黑服*註的男子。

「上班族啊，妳若抱著社會觀察的心態來應徵，我們會很困擾。」

黑服男子慵懶地看著我的履歷表，說了一句：

「三十四歲？是不是該先去結婚介紹所呢？」

真差勁。我的眼眶微濕，快速低下頭，逃進電梯。

＊註：黑服，日本夜店的特殊用語，指俱樂部、夜總會、酒店的男服務生，工作內容以一般服務為主，還要管理女公關的出缺勤、幫助女公關提升業績，以及陪客人喝酒。

2011/12/13「天使還是惡魔？」

體溫高達三十九度，外頭颳著暴風雨……冰箱還是空的。

獨居者一定要避免身體不舒服的狀況，此時，比平常更悲慘的想像會如潮水般湧上來，你若過於情緒化，心情會墜入谷底。

重病的我想到，拒絕我的銀座俱樂部已有十間……不對，是十五間……夠了，已經夠了，放棄吧。這時，我的手機響起。

「阿部小姐，妳決定要在銀座哪間店就職了嗎？」

電話那頭傳來男人的聲音。

「那個……請問您是哪位？」

「我是V俱樂部的M。」

（M是誰？就是之前那個口無遮攔地對我說「妳若抱著社會觀察的心態來應徵，我們會很困擾」的V俱樂部黑服男子。）

「前幾天我說得太過分，我向妳道歉。」

「不用了……你有什麼事嗎？」

電話那端，響起男人的竊笑聲。

「話說回來，妳來應徵銀座女公關，一開始就說『我三十四歲，沒經驗』這種老實到愚蠢的話，是沒有人會僱用妳的。」

「但這就是我啊……」無力的我說。

「這是『自以為是的原則』喔。」

「為……為什麼我非得被你說成這樣？」

我扯著嗓子說。

「唉呀，別管這個，我認識的一位媽媽桑在找助手，如果妳願意，我可以介紹妳過去。」

「咦？可以嗎？」

「但我想薪水可能沒有很高。」

「真的？得救了！謝謝你！謝謝你。」

幫助你找到真正想做的事 8

收不到面試通知，不如直接出擊。
緊緊抓住業界人士，不放棄一絲希望。

2011/12/15「黑服M先生介紹的第一間店」

在年末一個令臉頰幾乎凍裂的寒天，我去了黑服M先生指定的女公關專用美容院，穿上租來的露背長洋裝，在銀座的並木通昂首闊步，由黑服M先生（沒想到他竟然和我同年，三十四歲）引領，前去面試。

走在街上的上班族男子，都饒有興致地看向穿長洋裝的我。

「只是面試也要穿洋裝嗎？」

「不然現在的妳能展露給外人看的，還有什麼？年輕？美貌？」

真是每句話都讓人火大的男人，我知道自己不年經也沒美貌啦。

「我也是用盡全力……在努力的。」

「努力沒有用，比起努力，『華麗』更重要。銀座俱樂部所要的人，是既華麗又清秀，能逗得男人即便花大錢，也想和她共度片刻的人。妳如果總是抱著OL的心態，很讓人困擾喔。」

這番精闢正確的言論，讓我啞口無言。

「雖然很突然，但我要告訴妳，面試時妳要說自己是二十八歲，待業中，而且幾年前曾在六本木的店擔任幾個月的兼職女公關。」

我對黑服M先生突如其來的提議感到困惑。

「但是，我不想說謊……」

「（斬釘截鐵）這不是說謊。聽好，銀座是對工作感到疲累，在家中又無法獲得療癒的男人的聖地。在那裡，『三十四歲，討厭說謊』的阿部小姐自以為是的原則，是沒有用的。」

後悔油然而生，我緊咬嘴唇，但過沒多久，我就想對這個男人下跪，為自己之前的無禮賠罪。

我倚賴銀座案內人——黑服M先生的可靠保證，身價竟然攀上前所未有的高峰！

時薪立刻升到五千日圓！

當然，這是試用期兩個月的時薪（試用期過後，將依業績調整時薪），但是我已親身感受「銀座人的介紹」對初次從事這行業的待遇有多大影響。

幫助你找到真正想做的事

9 為了達到目的，有時可改變原則。

2011/12/16 **「業績壓力」**

黑服M先生介紹給我的第一間俱樂部，與我之前面試過的店截然不同，是一個奢華的高級俱樂部，彷彿在宣稱「我們是保有銀座美好傳統的俱樂部」。

我跟著黑服M先生進入店內，入口兩側的男服務生對我們鞠躬：「歡迎光臨，讓您久等了。」

面對這般高級的招待，我不禁對黑服M先生說出喪氣話：「等一下……我實在不好意思進去這間店……」黑服M先生卻說：「受到雷曼事件與震災的影響，銀座現在的景氣是有史以來最低迷的。在這樣的情況下，妳還是想做女公關吧？妳是零業績的門外漢，只有超級有名的店才會用妳，一般的店沒有餘裕去雇用超級門外漢喔。」

我無法反駁黑服M先生，只能硬著頭皮進去。

而我接受了時薪五千日圓的特別待遇，當然會有相應的沉重壓力與巨額花費。

舉例來說，銀座俱樂部的營業時間多在晚上八點至深夜一點。五小時乘以五千，日薪有兩萬五千日圓，但是，若待到營業時間的最後一刻，女公關以及其他工作人員都得搭計程車回家。

從銀座坐計程車到我家（東京最北邊的市區），加上夜間加成約是六千日圓，而每天的美容院費用是兩千五百日圓，合計是八千五百日圓，這麼算來，光是出門上班，我的薪水便會一下子化為烏有。此外，若沒達成一定的業績，還會有罰款……

以下是這間店一個月的定額業績：

①自就職第二個月起，一個月內要由男性客人陪同上班六次。

這只限定於客人較少的星期一與星期二。在其他日子，即使有客人陪同上班也不算數。若沒達成此目標，須繳交日薪百分之五十的罰款，而自己的生日、GW黃金週、年末與年初，業績還會提高。

②每個月的一號是自費換新衣的日子，禮服與和服皆可。

換新衣是讓客人上門消費的誘因之一，女公關可撒嬌地對客人說：「你看～我買了新衣服喔！」

③遲到、早退、曠職都有罰款（曠職的罰款是全額日薪）

壓力真大……當然，和普通的打工比起來，我知道這份工作的待遇優渥到令人不敢置信，享有時薪五千日圓，承受如此沉重的壓力也是無可厚非。

儘管如此……唉……

2011/12/20「黑服M先生介紹的第二間店」

黑服M先生介紹給我的第二間俱樂部，沒有第一間俱樂部高級，但是入口處掛著克林姆*註1的畫作，以白色和金色為基調的室內裝潢俐落整潔，是間雅緻的店。

這間店不算超高級，卻令人自在，恰如其分的質感讓我抱有好感。

我不安地走進店裡，進入以簾幕隔開的VIP室，媽媽桑看起來約四十多歲，皮膚白淨，與戶田惠梨香有百分之六十的相似度，她穿著以大島紬*註2製成、印滿花紋的昂貴和服迎接我們。

我被穿著艷麗和服的美女盯著，緊張不已。媽媽桑對著這樣的我說：

「雖然是初次見面，但我很喜歡涼小姐呢，妳何時可以來上班呢？」

「您……您願意雇用我嗎？」

「是的，不過依照銀座的規矩，我只能給新人時薪三千日圓，如果妳能接受，明天來上班吧。」

「那個……我會努力的，請多指教！」

此時，照顧我的人，黑服M先生的手機響起。

黑服M先生慌張地離席，走到外頭。

以簾幕隔開的VIP室，只剩我和美女媽媽桑。

突然，一直很穩重的媽媽桑，雙眼變得炯炯有神。

「那個……媽媽桑，有什麼事嗎？」

不知道為什麼，媽媽桑白皙的指尖，穿過我的禮服下襬，往內褲伸去。

我因為過於驚恐，腦袋瞬間變成一片空白。

「……沒關係，沒關係，交給我吧，放輕鬆，涼小姐。」

媽媽桑一臉平靜地湊過來。我陷入恐慌，全身僵硬。

就在媽媽桑的指尖不知不覺來到我的內褲時……

「哇啊啊啊啊！」我突然放聲尖叫，使出全身力氣撞倒媽媽桑。

媽媽桑的後腦勺撞到牆壁，整個人跌進沙發。

我衝擊過大，想把包包就這麼丟著逃跑，裡頭卻傳來黑服男子失笑的聲音……

沒錯，這位將名人與歐吉桑玩弄於股掌的銀座媽媽桑，其實是一個蕾絲邊。

＊註1：古斯塔夫・克林姆，一八六二年──一九一八年，生於維也納，為奧地利知名的象徵主義畫家。

＊註2：大島紬，一種高級絲綢，產於日本鹿兒島南方奄美群島的主島──奄美大島。

2011/12/23「推掉高時薪的工作」

我是笨蛋嗎？

冷靜下來思考，我覺得自己真是個笨蛋。兩個星期以來，我四處奔波地接受面試，卻推掉好不容易找到的高時薪工作……

為什麼都到這地步了，我還是個不圓融的女人呢？真是頑固！頑石般的女人！而且這一個月的生活費、到銀座的交通費，加上美容院的花費，我已經花掉十五萬日圓啊！

別說找工作，我連自尊心都被踩碎。

回想起來，我至今拜訪的十多間俱樂部，都沒有事先預約面試，偶爾還會被言語性騷擾，例如「既然要做，乾脆去做色情業吧？我可以介紹好店家給妳」。即便如此，我仍以不屈的精神堅持到底，決定繼續努力直到被錄取……

唉呀，總之，黑服M先生介紹的第一間俱樂部太高級，即便我意志堅定、充滿幹勁，但對身為茨城縣鄉巴佬、天生又命賤的我來說，門檻還是太高。

2012/01/04「恭賀新禧，第十八間店的面試，終於錄取」

二〇一二年，新年快樂。

在這一年的尾聲，我順利被黑服M先生介紹的第三間俱樂部錄取。

我本來應該高興地歡呼：「我終於成為女公關了！」但是獲得銀座女公關入場券的我卻

突然想到：「像我這樣的人是不是不適合在銀座工作？像我這樣的人……」心中湧上強烈的不安。

即便如此，我仍重整心情，寫封信給十分照顧我的黑服M先生，祝他新年快樂，並向他報告被錄取的事，表達謝意。

當晚，黑服M先生立刻回信。

「請展露『涼小姐風格』，先讓客人記住妳的名字吧，加油。」

展露什麼呢？

我的風格是什麼？

2012/01/10「在俱樂部展開女公關生活的第一天」

以女公關身分出道的那一夜，我開店前三十分鐘就來到店裡，換上以網購買來的四千日圓輕薄黑色長禮服。

我看著穿衣鏡裡的自己……竟發現腋下擠出一團贅肉。

我這一生都不曾胖過，所以更痛恨鬆弛的肉體……但是，我畢竟不再年輕。這是現實，我已三十四歲，沒有辦法。

我看著穿廉價禮服的自己，想起我來這間X俱樂部面試時，媽媽桑穿著和服，頂著一頭帥氣短髮對我說：

「日本所有的業界都不景氣，所以我不會嚴格要求定額業績。妳要努力工作，但別破壞本店讓人感到輕鬆自在的氣氛喔。」

我為她身為經營者與媽媽桑的氣度所傾倒，決定來此工作，但她近來身體狀況不好，已將許多生意交給店經理處理，專心靜養。

這對非常期待能與她一起工作的我來說，真的非常遺憾。

這間店約十五坪，裡頭擺著櫃檯與座席，男性員工有三人，包括老闆與兩位男服務生，編列於員工名單的女公關則有十四人。

我受這間店照顧的第一天，別說讓客人記住我的名字，連讓他們點酒都做不到。

女公關出道日
這就是三十四歲女人的現實啊！
二十幾歲
下垂的蝴蝶袖……塞不進去！

「妳今天是第一天上班？那麼妳想吃什麼就點什麼吧，慶祝一下！」

某位剛坐下的中年客人溫柔地對我說。

雖然他很溫柔，但我還是止不住緊張與不好意思：「點摻水酒*註1吧……」最後我只點了無法提升業績的瓶裝酒*註2。

可是其他前輩女公關（二十幾歲）卻一點也不害臊地要求「既然如此，趁這個機會點瓶紅酒吧」、「我想喝有氣泡*註3的酒」毫不留情地點了高級酒。

多麼自由奔放的女人啊！

不僅如此，客人對這樣予取予求的女公關也只是瞇起雙眼，像在看小貓地說：「真是的，拿妳們沒辦法啊。」爽快地點了三萬日圓的紅酒。

她們為什麼能如此自由、大膽地說出自己的欲求呢？

女公關這個職業不是應該細心照顧客人嗎？

不、不對，等一下，不是這樣的，我看到那位客人開心的模樣。

啊，原來如此……予取予求或許才是奉承男性自尊心的最高級服務。

＊註1：摻水酒，兌水喝的酒。

＊註2：瓶裝酒，酒店的無限暢飲點單會提供的低價酒類。

＊註3：有氣泡的酒是指一瓶要價三萬五千日圓的高級香檳。

2012/01/17「女公關的致命魅力」

我從事女公關的工作已有一星期。

不只是點飲料，連與客人、前輩談話都讓我應付不來。

即使和前輩一起坐在客人的席上，我也抓不到出場與退場的適當時機，我無法自在、愉快地談話，反而會先想到「不可以插嘴」，於是完全插不進談話……

這樣的我，偷偷仰慕著一位女性。

那就是K小姐（三十六歲，與吉瀨美智子*註同樣苗條的美女）。

在天真且直接提出要求的眾多女公關之中，K小姐不僅顧及客人的自尊心，還「高雅地加入自己的意見」……我被K小姐深深吸引。

今晚來了一位客人，他因故被降職，不再躋身於社會菁英行列，揮別出人頭地的可能。以下是K小姐與這位沮喪不已的某企業部長（T先生）的對話。

「我為公司奉獻我的一生，到底算什麼呢……」T先生咕噥。

K小姐卻摸了摸胸口，彷彿鬆了一口氣地說：

「我好高興T先生沒有出人頭地。」

「什麼？」T先生的表情瞬間沉下來。

「因為如果T先生比現在更出人頭地，工作變忙，我就不能見到T先生了吧？這樣我會

好孤單呢……」

這是一句魔法咒語，溫柔地擁抱著沮喪的T先生，甚至讓他振作起來。

當然，這使T先生恢復了朝氣，並以「消災」的名義點了兩瓶新酒。

真厲害……真是致命的「魅力」呀！

＊註：吉瀨美智子，一九七五年生，日本知名模特兒、演員。

2012/01/19 「前輩的當頭棒喝」

店裡正在準備開店，我坐在「負責炒熱氣氛」、頗受歡迎的兼職女公關——小R（二十六歲，波霸）的位置。

「可以教我討客人歡心的說話方式嗎？」

「這種事還要問別人嗎？」

小R以單手拿著智慧型手機，正在打攬客廣告簡訊，她有點不耐煩地說。

「啊……說的也是，對不起，但我真的不知道該怎麼做。」

我立刻低下頭，小R則是邊打字邊說：

「這裡不是學校唷，沒有正確答案與錯誤的答案。這樣不是很好嗎？只要照妳的想法去做即可。」

「我……可以照自己的想法去做嗎？」我問。

「能做自己想做的事是這份工作的有趣之處，不只是對話，薪水、休假，連業績也是，只要努力，妳都可以隨心所欲。」

2012/01/20「我也是女人」

初次點我坐檯的客人W先生（四十七歲，經營健康食品公司，長得和摔跤選手武藤敬司一樣恐怖），我一坐下，他便開口說：

「我開門見山地說吧，我要來幾次，妳才能讓我做呢？」

面對這番唐突的質問，我一時反應不過來。

「我是說，要點幾次檯，我們才能去飯店開房間？我有的是錢。」

面對W先生咄咄逼人的態度，我不禁退縮。

「我還沒介紹自己的名字呢，也還沒問您的名字，現在應該不是討論開房間的時候吧？」

「就是這樣，所以我才討厭年紀大的女人啦，換人！給我更年輕的女孩！」

W先生以光速叫來經理。

雖然他是客人，但他看似有禮貌，實則極為輕蔑的態度，實在讓我很不甘心、生氣，忍不住緊咬下唇。

W先生牽起隔壁桌二十歲女孩的手，輕浮地說：「果然還是年輕坦率的女孩最棒啦！」

「妳要不要早點去其他客人那裡？妳在這裡實在很礙眼。」

「剛剛您所詢問的事……」我顫抖地說。

「啊！妳有意思了嗎？」

W先生突然開心地靠過來。

「啪！」我猛然揮開W先生的手。

「我……我也是女人，也會有想要人陪的夜晚，不過是今晚還是三年後呢？這種事我不知道啦！」

被我以全身力量，用力反擊的W先生說：

「別這麼激動嘛，我開玩笑啦。」

W先生咕咕噥噥，為我調一杯摻水酒，斷斷續續地跟我聊起他的工作。

2012/02/21「工作的心態」

今早，我在睡榻上醒來，忽然想起昨晚和W先生的對話，不禁浮現一抹微笑。什麼嘛，原來「銀座的女公關」不是只能說聰明、風趣的話啊。

我只要用「自己的話」來說。

不喜歡就說不喜歡，不需要違心之論，也不需要社交辭令，只需用自己的話來說。之前，我只把注意力放在「一定要努力」。不只是銀座的工作，從前我不論在哪個職場，都只擔心與周遭的人脫節，一心想著「不要失敗」。若我嘗試新事物卻遭致失敗，便會努力維持現狀，以「安全、無風險」為重心。我深信，這對我來說是最重要的事。沒錯，至今為止，我並不害怕失敗，而是害怕「如果我失敗，別人會怎麼想」。所以比起「自己想怎麼做」，我更留意「別與他人脫節，別油嘴滑舌」。

傍晚，我在上班途中遇見小春。

「真是的，我很擔心喔，最近都沒看到妳來整骨院。」

小春的這番話讓我注意到，這一個月我幾乎沒腰痛，令我吃驚不已。

我告訴小春自己在這一年間要挑戰各種工作，找出自己真正想做的事，而且我正在銀座當女公關。

「妳狠下心去做女公關啊，今天妳的氣色看起來很好，可能是因為這個原因吧。」

「咦？」

「妳對無法持續工作的自己，感到自卑吧？

妳靠自己的『行動力』，將那股自卑『轉換成積極的態度』。

所以妳今天才可以開心地工作吧？真是太好了，加油！」

幫助你找到真正想做的事

10 別擔心自吹自擂，只要說出「自己的話」。

11 別隱藏、別矯飾、別害怕，正視自己的自卑，就可以轉換成優點。

2012/01/31「第一次發薪水，嚇一大跳」

咦？為什麼薪水要扣管理費呢？

我啞然地看著第一次拿到的銀座女公關薪資表。

從一月十日開始，我一共工作了十六天。

日薪是三千×四小時×十六天＝十九萬兩千日圓。

日薪會扣掉百分之十的所得稅，以及三千五百日圓的名片印製費（五十張）……再加上……什麼？居然還扣了五千日圓「管理費」！

什麼是管理費？

我當然以迅雷不及掩耳的速度去問經理。

我獲得以下回答：「因為妳有用廁所的衛生紙，不是嗎？」回答完畢。

簡而言之，我使用店內的廁所，須負擔衛生紙費、汙水處理費、擦手毛巾的費用、餐巾費用……若我喝了礦泉水，水錢也會預扣！

嗚嗚嗚……雖然我聽過這類傳聞，但這一行的治裝費、計程車費，再加上其他基本開銷……沒事先說明的預先扣款也太多了吧。

女公關乍看之下是個華麗的工作，但只要不留神，留在手中的現金會變得非常少。

2012/02/06「在外遇與換工作前方的希望」

「女公關」的雇用型態可分為兩種，一種是正職，另一種是簽打工合約的兼職。

J小姐（三十一歲）白天是美甲師，夜晚則在銀座打工。她本來是在某上市企業擔任綜合職務*註的OL，當時的年薪約四百五十萬日圓，但是前不久她卻自願辭掉這份薪水優渥、公司福利又完善的工作。

之後，她取得朝思暮想的美甲師資格，現在是一名自由自在的美甲師。

J小姐成為美甲師的契機使我嚇一跳。

其實J小姐辭去工作最直接的理由，是她與主管的外遇在公司曝光，而且這段外遇是從J小姐剛進公司就開始……好像持續了七年。

J小姐現在雖然帶著微笑，斷然地說：「美甲師才是我的天職！」但使她覺悟，並下定決心要成為美甲師的原因，似乎是她外遇對象的妻子。

持續七年的外遇在公司曝光，傳到外遇對象的家人耳中……她為了談「賠償金、調停、家庭裁判所判決（日本專門處理與家務有關事件的法院）」等問題，與外遇對象的妻子碰面……對方的太太做了非常漂亮的藝術指甲，那雙精心裝點的手使J小姐不禁看得入迷。

在外遇的七年間，她總是聽外遇對象說「我家老婆是歐巴桑，身為女人，她已經玩完了」這類狠毒的抱怨，但她實際見到的太太，臉蛋和身材都很好，連指甲都細心保養，非常漂亮……

於是，J小姐下定決心。

她說：「不知道為什麼，但我毅然決然地和那男人分手，並夢想成為美甲師！」

現在她仍在兼職做女公關，她說：「手指變漂亮，客人的表情在瞬間散發光芒，真是讓我開心。」

＊註：綜合職務，日本企業的職稱，是管理階層幹部的候補，工作內容很多樣。

J小姐的情況
與外遇對象的太太，所謂「作為女人已經玩完的歐巴桑」見面！
根本不是歐巴桑！好漂亮！
藝術指甲
……
我毅然決然和外遇對象分手，夢想成為美甲師！
目前是自由的美甲師
這世上的契機……真是千變萬化啊。

指甲非常漂亮……

我問：「即使收入少一半，妳還是選擇了值得去做的工作嗎？」

「值得去做？我才沒想那麼狂妄的事呢。」

J小姐說：「我只是想從事與指甲有關的工作。」

她沒想過是否「值得去做」，似乎連「收入」也沒深思。

她不考慮細節與退路，只是因為生活費不夠，所以才決定利用空閒時間去俱樂部兼職，湊合著賺。

因為沒有行動，什麼也開不了頭。

沒錯，「行動」就是最重要的第一步！

12 找到想做的工作，收入卻不足，就多做幾份工作來度過難關吧。

2012/02/10「女公關的心態」

今晚，身體狀況不佳、靜養中的媽媽桑終於來上班。

她的臉頰比以前豐腴一點，氣色很好。媽媽桑說：「我下個月應該能重回工作崗位。」

我好開心。

我說：「媽媽桑幾歲開始從事這份工作呢？」

「十八歲喔，本來只是學生時代的打工，我卻不知不覺沉浸於銀座。」

「銀座女公關是媽媽桑的天職嗎？」

突然出現的「天職」二字，使媽媽桑瞪大眼。

「其實，與陪酒行業扯上關係的人，很多都『在業界隨波逐流』，對他們來說，能去的地方只有『這裡』。」

「隨波逐流？」

媽媽桑聽到天職的反應，讓我有種奇怪的感覺。

「我這麼平凡的人，只是做完眼前的工作。」媽媽桑點著菸說。

「但是，我認為只要有可以讓我工作的地方，我便心懷感激。永遠抱持謙虛的心，這點我絕對不會忘記。」

幫助你找到真正想做的事

13

不論是什麼職業，都不忘「只要有可以工作的地方，都要感激」。

2012/02/13「來自黑服M先生的郵件」

凌晨四點，我終於淋完浴躺上床時，收到黑服M先生傳來的郵件。

「明天下午四點，我在帝國飯店包廂等妳。」

帝國飯店？為什麼要去那麼豪華的地方？

因為明天是情人節嗎？但是我好幾次約他吃飯都被拒絕……是要跟我說工作的事嗎？

明天是對戀人、彼此有好感的異性友人來說，很特別的日子耶……不過，我喜歡黑服M先生嗎……

如果我和黑服M先生戀愛，我就要和「夜晚的男人」結婚嗎？

我完全忽視對方的心情，逕自模擬起來……這是什麼呢？這種難以言喻的複雜心情是什麼？

是歧視「夜晚的男人」嗎？

平常我都會說「我毫無偏見」的好聽話，假裝對職業沒價值判斷，但遇到「有關於自己」，而且是「結婚」的終生伴侶，又變得不一樣。

但是，為什麼我會抗拒「夜晚的男人」呢？

因為他必須不斷應酬、與人交際，怕他外遇？

因為生活不規律，有礙健康？

還是純粹因為「陪酒行業＝輕浮男」的刻板印象？

為什麼黑服M先生會在眾多職業中，選擇夜晚的工作呢？比起我現在膚淺的複雜心情，我更想知道這件事。

2012/02/14 **「情人節」**

啊，我緊張到想吐……

我在銀座的春天百貨買了香檳的巧克力，前往與黑服M先生相約的地點——帝國飯店。

我喜歡黑服M先生嗎？是一時的錯覺，還是單純出自於我以前都沒發現的，想窺探夜晚男人生態系的好奇心呢？我完全搞不清楚。

但我激動的心跳到底是怎麼回事？難不成戀愛了？為何我直到三十多歲，才傾心於「夜晚的男人」……討厭！笨蛋！

我為妄想與止不住的心跳而動搖，搓著凍僵的手，來到會面的飯店，黑服M先生已在玄關迎接我。

他豪爽地打招呼：「謝謝妳在這麼忙的日子，前來赴約。」

他陪我走進茶室。

「媽媽桑的身體狀況如何？」

我才走到桌邊，黑服M先生就問。

「那個……為什麼要問這件事？」

「因為銀座很小啊，涼小姐，妳們X俱樂部的經營者可能會在今年關店退休，妳知道嗎？」

「退休？什麼啊？」

黑服
M先生
這是戀愛，還是想一窺夜晚男人生態系的好奇心呢？
總之，先買一盒巧克力吧。
畢竟是情人節……

銀座流傳著，媽媽桑因身體不好，差不多要把店收起來的傳聞。

「如果妳現在待的店收掉，妳有沒有意思轉任其他家店？」

簡而言之，黑服M先生的這場約會就是要問我：「要不要辭去現在的工作，來我工作的店上班？」

「但是M先生為什麼會這樣問我呢？」

「其實，我對妳是否擁有成為女公關的潛力仍半信半疑，但我覺得妳死腦筋的認真態度很新奇、有趣，連我自己都對此感到不可思議。」

黑服M先生的發言，一口氣融化深藏我心、頑石般的自卑。

「如果妳想要轉任其他店家，請和我連絡。當然，請妳至少帶來十五組現在店家的客人，達成本店的定額業績，這是必要的條件……但我們可以保證給妳日薪三萬日圓。」

日薪三萬日圓？……騙人吧！

2012/02/27「女公關業界烏雲密佈」

W先生傳來郵件。

「妳啊，上輩子有燒好香吧？」

什麼意思？我打電話給W先生。

我「有意轉店」的傳聞似乎傳開了……

傳聞出處不明，但W先生卻明確地問我，之前是否有在帝國飯店包廂，和黑服M先生密談。我們的會面不知被銀座的哪位相關人士看到，告訴了我們家的工作人員……嗯……

我該怎麼辦呢？

2012/03/02「女人的心理戰」

星期五的夜晚，店內插滿盛開的梅花，賞花的氣氛使店裡盛況非凡，我卻一個人坐在櫃檯的角落枯等。

只要俱樂部和酒店的女性工作人員提出「辭職」，似乎都會陷入這樣的狀況。以雇主及其他女公關的立場來看，介紹客人給要離開的同事，只是徒勞無功。如果老主顧因此被搶走反而令人頭疼，我能理解他們的立場……但是，我連「辭職」都還沒提啊。

話雖如此，黑服M先生是真的有問我是否要跳槽，我搖擺不定也是事實，所以面對這樣不安定的狀態，我完全不知所措。這情況再拖下去，對我今後的女公關生涯及心理狀態都很不妙，所以我下定決心，將店經理叫到門外談事情。

「請問……我做了什麼讓人不開心的事嗎？」

「妳指什麼？」

「最近你的心情好像不是很好……」

店經理停下準備點菸的手。

「聽說小涼要轉店，是真的嗎？」

我聽到一個女聲，轉過頭，只見K小姐站在那兒。

「工作人員為此感到不舒服，妳能了解吧？」

店經理叼著菸，等待我的回答。

我想要老實地回答，嘗試讓自己冷靜下來。

「其實我很迷惘，但不是因為我對這間店不滿，而是出自於我想要做好女公關的企圖心。」

K小姐的眉毛輕輕抽動。

「是嗎？那麼妳至少不能為照顧妳的這家店帶來困擾吧！這家店可是雇用妳這種外行人啊。」

妳這種外行人。

K小姐的話如針刺進我的胸口。

2012/03/22「人生為什麼會變複雜」

自從我和K小姐表明「我可能會辭職」，我就完全沒人點檯。

這是理所當然的，但是店內氣氛熱烈，我卻獨自呆坐在櫃檯，為我造成很大的精神壓力。

過了晚上十一點，很久沒露面的W先生，竟以「慰問」的名義，拿著一束鮮紅玫瑰來找我。

我、K小姐與幾位女性，一起來到W先生的桌旁。

桌上，插著W先生的玫瑰花。

「嗨！歐巴桑，恭喜妳光榮轉職，妳要轉到哪家店呢？」

W先生毫不遮掩的發言，使我氣得全身發抖。

「為什麼小涼要做女公關呢？」K小姐問。

「因為……我想用一年的時間挑戰各種工作，找出自己『真正想做的工作』。」

「這很簡單啊，想像一下，如果妳中了三億樂透，妳想要做什麼？」

「想像一下，如果妳沒有父母與親戚，舉目無親的妳中了三億樂透，妳想做什麼？」

我思考W先生的話，回答他：

「環遊世界？」

「環遊世界就是妳真正想做的事呀。人總是擔心沒錢、顧忌社會的眼光，人生才會變複雜。除去這些，人生會簡單許多。太好了，妳終於找到想做的事了。」

聽到W先生的話，周遭的女人都竊笑著說：「還環遊世界咧。」

只有K小姐的表情沒有半點變化。

「這樣很好呀……我覺得不管是環遊世界，還是尋找自我，都很好。」

K小姐陶醉地看著鮮紅的玫瑰，小聲地說。

聽到這番話，年輕的女公關都尷尬地面面相覷。

「K小姐，我……」

彷彿有意打斷我的話，K小姐指著腳邊。

「小涼，那個拿給我。」

我看向她指的方向，K小姐裝飾著施華洛世奇水晶的打火機掉在桌腳。

我彎腰，將手伸向打火機。

此時，哐啷一聲，後頭響起東西倒下的聲音。

下一瞬間，W先生的鮮紅玫瑰散落一地。

K小姐的打火機被花瓶流出的水沖走……我的頭髮與禮服溼透……

竟然趁我低頭的時候算計我！有人推倒了花瓶！

唉呀～妳還好嗎？
呵呵呵 討厭
哇～這是古早少女漫畫嗎？簡直像晨間電視劇一樣俗爛！
砰磅！

「喂，妳太過分了吧！」

面對W先生粗暴的吼叫，K小姐一副事不關己的模樣。

「小涼……說要尋找值得做的事，真棒呢。但是，妳只打兩三個月的工，就自以為了解女公關工作了嗎？」

我滿頭都是水，只能用手撐在地板上，瞪著K小姐。

幫助你找到真正想做的事

14

如果你舉目無親，突然中了三億樂透，你想做什麼？

2012/03/24「從困惑中產生新目標」

我算準小春的休息時間，前去整骨院。

「妳被K小姐用花瓶的水潑了一身，接下來呢？」小春睜大眼睛。

「我說『趁我還沒感冒，今晚先失陪了』，帶著笑容回家……」

「就這樣？沒回敬她幾句？」

我默默聽著小春的話，點點頭。

「雖然這樣說很奇怪……但我有點感謝K小姐。」

「感謝她什麼？」

「因為被K小姐潑水，我才下定決心要轉任別間店，調整心態，重新認識女公關這個行業。這是難得的機會，我想試試看。」

「妳要轉去黑服M先生的店嗎？」

我默默點頭。

幫助你找到真正想做的事

15 面對同事之間的人際問題，絕對不要指責，這是使你跨出第一步的動力。

2012/3/26「來自經營者，愛的教育」

雖然我對K小姐的感覺仍很複雜，但我想見媽媽桑一面，告訴她我真實的想法，所以我買了點心伴手禮，前往銀座。

但是媽媽桑身體狀況不好，我只能改以電話問候她（以下是我和媽媽桑的對話）。

「小涼……要轉去V俱樂部嗎？」

這是媽媽桑說的第一句話。

我和K小姐的那件事，以及被黑服M先生挖角的事，已傳入媽媽桑的耳裡。

「K小姐的事情……花瓶那件事，我要向妳道歉，但是那或許是我的錯。」

「為什麼這麼說呢？」

「我不曾對店裡的女孩嚴格要求定額業績與營業額，但是如今我的身體狀況不好，再加上環境不景氣……才會使工作人員的壓力突然倍增……」

「這樣講或許不太禮貌，若有所冒犯我先道歉……但是，正因為店裡的狀況不好，所以才需要工作夥伴的互相協助吧？」

突然，媽媽桑大笑。

「哈哈哈……妳注意到了嗎？妳孩子般的坦率，反而會讓其他人反感呢。」

「……」

「現在的世道，幾乎所有人都為了吃飽而費盡心力，人們為了麵包而工作。在這種時候，妳這種只是『為了一窺銀座面貌而來』的天之驕子，當然會讓人生氣。」

「不過這是妳的自由，我沒什麼意見。總之，即使妳轉到其他店，我們仍是在銀座小世界工作的夥伴，為彼此加油吧。小涼或許以後會心念一轉，在其他店招攬到大顧客，再帶回我們家來喝酒。當然，到時候我們可是會不斷提供香檳、紅酒給妳唷，妳要有心理準備，哈哈！」

最後，媽媽桑笑著對我說再見。

掛上電話，我在銀座的街上漫無目的閒逛。

媽媽桑說，我下定決心要「找出真正想做的事」的那一刻，就要想到有天會被人指指點點……話雖如此，我還是無法像媽媽桑那樣冷靜，懷抱著「愛」。受到前輩的指教，我只會對自己的幼稚、沒常識，以及任性的舉動感到生氣、困惑，非常沮喪……

2012/03/27 **「失敗，有那麼恐怖嗎？」**

「現在的世道，幾乎所有人都為了吃飽而費盡心力，人們為了麵包而工作。」

媽媽桑說的話，我痛徹心扉地體悟了。菜鳥女公關如我，即使靠新手的好運氣進入高級店，也是理所當然地得到失敗的結局。

但是，即使會失敗，我也想嘗試，因為……

至今為止，我都很怕失敗，因此而畏首畏尾，這是我第一次認為，即使會失敗也願意挑戰。

我哼著〈麵包超人進行曲〉，下定決心寫信給黑服M先生。

「我有話想跟你說，能否給我一點時間呢？」

隔天，我收到回信。

「我們要不要偶爾離開銀座呢？週末一起去吃飯吧。」

幫助你找到真正想做的事

16 即使會失敗，也想要挑戰。

2012/03/28「再度交手」

K小姐突然寫信給我。

已經走到這地步，她還想怎樣呢？我疑惑地與K小姐會面。

地點是在銀座的露天咖啡廳「AUX BACCHANALES」。

她遲到近二十分，以銀座常見的「上班前女公關」的樣貌出現。她一臉素顏，頂著捲翹高聳的髮型，當然，手上還提著愛馬仕柏金包（約八十萬日圓），氣喘吁吁地到來。

K小姐走過來，單手拿著手機，激動地大聲說話。

十分鐘後，K小姐看似精疲力盡地回到桌邊，對我說：

「不好意思啊，我在跟女兒講電話。」

「什麼？」

我啞口無言。

K小姐竟然對俱樂部謊報年齡，說自己是三十六歲，她的戶籍年齡其實是四十二歲，而且是有位十四歲女兒的單親媽媽。

「其實推倒花瓶的那一天，我女兒因順手牽羊而接受輔導……我先去警察局接她……再直接去店裡，所以那天我有點煩躁，對不起。」

我對K小姐突如其來的坦白感到困惑。

「我其實很羨慕小涼能那麼悠哉地『尋找自我』。」

K小姐自言自語地低聲說。

上班前的女
公關
捲翹高聳的髮型
K小姐，妳遲到
二十分鐘囉……
柏金包
大素顏

我不了解她們母女之間的事。

但是K小姐戴著卡地亞的手錶，擁有許多愛馬仕包包，卻還說「我好羨慕妳」，面對這樣的她我無奈地拿出一樣東西。

「這是什麼？」

「我的銀行存摺。我想，看過這個，妳便能了解我的經濟狀況，而即便如此我仍要尋找適合自己的職業。」

K小姐一度拒看我的存摺，但在我的催促下，她還是靜靜地瞄了一眼。

「騙人吧？妳打算用這麼一點點錢來**玩一年？**」

聽到這番話，我已無話可說，於是我站起來：「那麼，失陪了。」

2012/03/01「與黑服M先生的第一次約會」

嗯——您是哪位？

我在六本木與黑服M先生相約，聽見有人叫我「涼小姐」，一時間認不出對方是誰。黑服M先生肩膀披著工作服，手拿印著「○○搬家中心」大字的帽子。

「M先生竟然在搬家公司打工……真令人意外。」

我們坐在提供九州料理的居酒屋中。

「銀座工作的休假日，我都在搬家公司打工，因為黑服的月薪很少。妳發現我很窮，會幻滅嗎？」

「沒有……反而有親切感。」

聽到這番話，黑服M先生小聲地呵呵一笑。

「那個……我一直很想問，為什麼M先生會從事夜晚的工作呢？」

「高中畢業後，我與當時的女朋友一起來到東京。她並不是壞女孩，只是用錢不節制……她想要錢，所以去酒店上班，可是我不放心讓她一個人在那裡工作……沒辦法，我只好在那間店和她一起工作。唉，最後她和有錢的男客人結婚了。我啊，總是被甩的那個呢，沒錢的男人果然沒人要。」

「啊，我也被甩了，果然沒有社會信用的女人沒人要。」

聽到我脫口而出的話，黑服M先生與我面面相覷，接著，我們噗哧一笑。

「怎麼樣呢？涼小姐，要不要和我一起工作？」

我將手中玻璃杯放到桌上，鞠躬說：「請多多指教。」

2014/04/01「女公關的女人心、慈母心」

我看著時鐘，時間是早上九點，昨天我沒卸妝就睡著了。

我和黑服M先生吃完飯，一起走回來的路上，氣氛非常好。黑服M先生問我「要去下一間店嗎？」的時候，我的手機大聲響起。

是K小姐。

雖然我一度想裝作沒聽到，但她第三次打來，我還是不情不願地接起電話。

K小姐以微妙的聲音說：「總之……妳來一下，因為我有件事無論如何一定要問妳。」

於是我和黑服M先生告別，急忙趕往西麻布的酒吧。

推開門走入流瀉著爵士樂、燈光微暗的店家，我看見K小姐坐在櫃檯，優雅地喝雞尾酒。

「什麼？到底發生什麼事？」

K小姐有點恍惚，手中雞尾酒杯傾斜，她嘟囔：「我或許比小涼還笨喔……」

「喂，我可是中斷難得的飯局來找妳……」我才開口，K小姐即說……

「我和W分手了。」

什麼？

「我和W已經……交往十年。」

原來真相是這個。

K小姐和W先生交往十年，但是W先生直到四年前才變得有聲望。

K小姐說，W先生創立的健康食品公司，在這片不景氣當中，雖然勉強維持業績，但是所有幹部都對W先生的獨裁式經營感到不滿，紛紛舉旗造反，除了W先生，其他高層幹部都參與了政變……現在的W先生對外仍是位居會長的地位，但其實一點權力也沒有。

而K小姐期望著W先生東山再起，於是一肩扛起W先生喝酒的費用，幾乎是捨身忘我地支持他。

「雖然他現在是個沒價值的男人，但以前我卻很受他照顧呢……」

不知道K小姐是不是想起當年的情景，她的表情變得非常溫柔、幸福。看那溫柔的表情，遲鈍如我也能感覺到K小姐至今仍對W先生有感情。

「但是，不行～不行了～再這麼下去，我會變成沒用的人。分手！我要和他徹底分手！和女兒重新來過，總有一天擁有自己的店。」

「妳是指什麼店呢？」

「討厭……當然是俱樂部囉。」

「不過是女公關嘛，我努力就是了。」

Ｋ小姐小聲地說。眼淚讓她的睫毛膏和粉底糊成一團，變得黏膩。即便如此，比起在店裡的「完美女公關」Ｋ小姐，現在的她更女性化，有一張慈愛的「母親的臉」，看起來真的好美。

2012/05/31 **「從女公關界畢業」**

「雖然我們相處的時間很短暫，但辛苦妳了，希望我們能在什麼地方再次相見。」Ｖ俱樂部的經理如此說。

對於不確定我能否成為「女公關」，而賭上些微可能性的黑服M先生，我感到很抱歉。

我換工作才兩個月，就被銀座的高級V俱樂部開除。

為什麼？用一句話來說明……就是我沒達成定額業績。

即便如此，這仍是我發揮自我，拚命努力的結果。

（不過，好像有點拚過頭……）

除了我從X俱樂部帶過去的客人，我對在V俱樂部招到的客人也很殷勤，常常打攪客電話、寫節慶問候信。

但是，該怎麼說呢？我「毅力過剩」的樣子，就某種意義來說，反而造成客人的負擔。

黑服M先生對我說的「死腦筋的認真態度」、「很新奇」，似乎讓我有點得意忘形。

「認真才是我的風格嘛！」我因那番話而如此認定，像吃下波菜的卜派，卯足全力地攬客。

現在回想起來，我本來是以「年紀一大把，卻還不熟練的女公關」為賣點，卻突然變成「過度積極的女公關」，使人感到「都一把年紀了，還這麼讓人有負擔」……

我在高級V俱樂部僅工作兩個月，最後不得不接受「開除」的宣判。

即便如此，我終於能爽快地從銀座女公關界畢業。

我本來是因為興趣與憧憬才去挑戰當女公關，想藉此消除我對自身女性特質的自卑情結，但最後我卻能在「夜晚銀座」的汪洋大海中悠游，受到洄游魚般的女公關所圍繞，解放我僵化的心，不再受限於「非要那樣做、非要這樣做」的常識和他人的目光，以及自己的成見。

離職後，我想到X俱樂部媽媽桑對我說的話。

對於「與陪酒行業扯上關係的許多人，都在業界隨波逐流」這句話的真實涵意，我已有新的體悟。

「身為一個人」，若無法因累積各種人生經驗而成熟茁壯，即無法成為獨當一面的「女公關」，或許媽媽桑想說的是這個吧？

女公關業是女人中的女人，兼具容貌與氣度，不但能搔到男人的癢處，連「手段都是恰到好處地柔軟」……而且偶爾還要溫柔包容男人的謊言。

我感謝這些邂逅，讓我注意到人生有許多重要事物，讓我致力於洗心革面，期望有一天能在銀座的俱樂部笑著喝酒！我在心裡發誓。

※每月固定支出（100500日圓）=房租（66000日圓）+電費與瓦斯費（5000日圓）+電話費（10000日圓）+國民年金（15040日圓）+國民健康保險（4460日圓）

▶ 2012 年 3 月（在 X 俱樂部上班）

（由 X 俱樂部轉到 V 俱樂部，沒拿到 3 月的薪水）

- 固定支出 100500 日圓 ⋯⋯ ※
- 餐費 19000 日圓
- 交通費 27000 日圓（含深夜計程車費）
- 各項經費 19000 日圓（美容院、治裝費 etc）
- 交際費 15000 日圓（女公關前輩生日派對 X2 次的禮物錢 ・ 客人親戚的奠儀）
- 雜支 9000 日圓

薪資收入 ⋯⋯ 0 日圓

支出小計 ⋯⋯ 189500 日圓

★存款餘額 883100 − 189500 = **693600** 日圓

▶ 2012 年 4 月（在高級 V 俱樂部上班）

- 日薪 30000 日圓 x19 天 =570000 日圓
- 所得稅 -57000 日圓
- 名片費 -5000 日圓
- 員工旅行基金 -10000 日圓

- 固定支出 100500 日圓 ⋯⋯ ※
- 住民稅 80000 日圓（一年份）
- 餐費 53000 日圓
- 交通費 27000 日圓（含深夜計程車費）
- 各項經費 107500 日圓（美容院、治裝費、買禮物給客人的錢）
- 交際費 60000 日圓（前同事結婚 X 參加 2 次）
- 雜支 15000 日圓
- 罰款 45000 日圓（未能達成業績）

薪資收入 ⋯⋯ 498000 日圓

支出小計 ⋯⋯ 485000 日圓

薪資收入（498000）－支出（485000）= 13000 日圓

★存款餘額 693600 + 13000 = **706600** 日圓

▶ 2012 年 5 月（在高級 V 俱樂部上班）

- 日薪 30000 日圓 x19 天 =570000 日圓
- 所得稅 -57000 日圓
- 名片費 -5000 日圓
- 員工旅行基金 -10000 日圓

- 固定支出 100500 日圓 ⋯⋯ ※
- 餐費 38000 日圓（含外食）
- 交通費 70000 日圓（含深夜計程車費）
- 各項經費 95500 日圓（美容院、治裝費、買禮物給客人的錢）
- 交際費 25000 日圓（祝賀友人生產、媽媽桑的生日禮物費 etc）
- 雜支 12000 日圓
- 罰款 50000 日圓（未能達成業績）

薪資收入 ⋯⋯ 498000 日圓

支出小計 ⋯⋯ 391000 日圓

薪資收入（498000）－支出（391000）= 107000 日圓

★存款餘額 706600 + 107000 = **813600** 日圓

收支表（2011年12月～2012年5月）

▶ 2011 年 12 月（展開女公關職業生涯）

- 固定支出 100500 日圓……※
- 餐費 15000 日圓
- 交通費 9500 日圓
- 各項經費 20000 日圓（美容院、治裝費 etc）
- 雜支 5000 日圓

支出小計……150000 日圓

★存款餘額 980000 − 150000 = **830000** 日圓

▶ 2012 年 1 月（在 X 俱樂部上班）

- 時薪 3000 日圓 X4 小時 X16 天 =192000 日圓
- 所得稅 -19200 日圓
- 名片費 -3500 日圓
- 管理費 -5000 日圓

薪資收入……164300 日圓

- 固定支出 100500 日圓……※
- 餐費 18000 日圓
- 交通費 20000 日圓（含深夜計程車費）
- 各項經費 8000 日圓（美容院、治裝費 etc）
- 交際費 10000 日圓（女公關前輩的生日派對 X2 次的禮物錢）
- 雜支 6000 日圓

支出小計……162500 日圓

薪資收入（164300）－支出（162500）= 1800 日圓

★存款餘額 830000 + 1800 = **831800** 日圓

▶ 2012 年 2 月（在 X 俱樂部上班）

- 時薪 3000 日圓 X4 小時 X21 天 =252000 日圓
- 所得稅 -25200 日圓
- 管理費 -5000 日圓

薪資收入……221800 日圓

- 固定支出 100500 日圓……※
- 餐費 18000 日圓
- 交通費 23000 日圓（含深夜計程車費）
- 各項經費 19000 日圓（美容院、治裝費、情人節的巧克力錢）
- 交際費 4000 日圓
- 雜支 6000 日圓

支出小計……170500 日圓

薪資收入（221800）－支出（170500）= 51300 日圓

★存款餘額 831800 + 51300 = **883100** 日圓

Chap.2

深山修行
面對自我

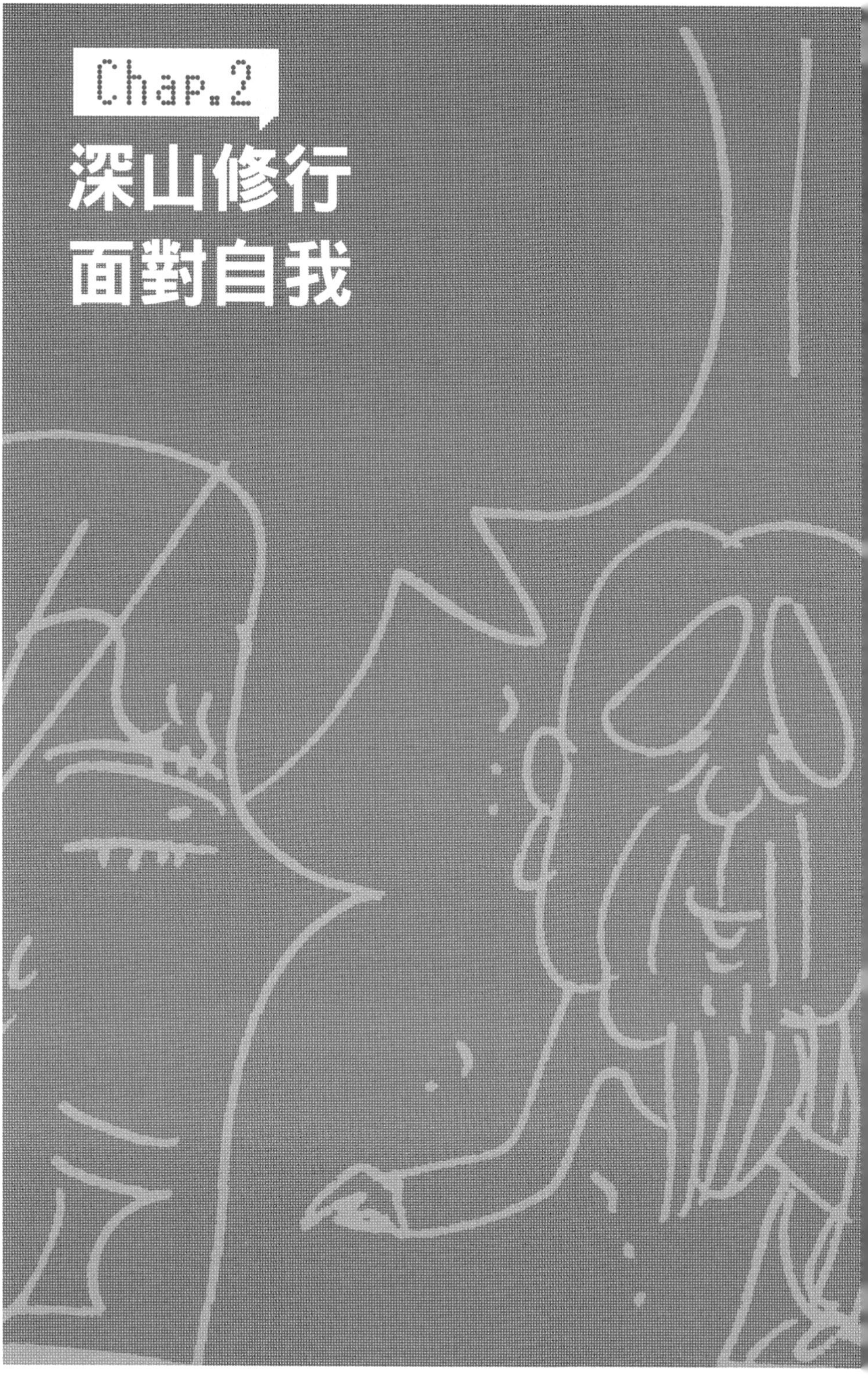

2012/06/03「原來我真正想要的不是工作，而是男人？」

搭乘新宿站發車的深夜巴士再換乘電車，經過八小時，我終於抵達目的地——一座高於海拔一千公尺高山的山腳村落。

我初次踏上這塊土地，對此處的第一印象是有條淺溪的村子。澄澈的水來自眼前綿延的群山，於此處匯集成溪，流過村子的中心。清新的空氣、土壤的芬芳，以及潺潺水聲，洗淨我來自都會且疲倦的身心。

我宣布告別女公關，接著以「淨化生命」為名，背起簡便的行囊，展開為期三天的單人旅行。

我的目的地是小春去過的溫泉，就在這座山中，她說自己「深受感動」，所以我一直想要來造訪。

那天晚上，我告訴民宿老闆娘隔天要去的溫泉，老闆娘卻告訴我，在那附近有位開山（第一個在某座山建立神社、寺院的人）的Z老師，被稱為「仙人」。

老闆娘在高中時期患了原因不詳的疾病，全身像氣球一樣膨脹，跑遍各大醫院仍找不出原因。無計可施的老闆娘緊抓最後一線希望，去會見那名仙人。Z老師熬煮採自本地山區的草藥，祈禱並焚燒護摩*註，進行各種治療……百折不撓地治療老闆娘膨脹的身體（這麼做似乎有成效，老闆娘現已完全恢復健康）。

看著老闆娘遙望遠方話當年，我突然對那位仙人湧上強烈的傾慕……因為，誰來都好，我希望能有「某人」成為我的「心靈支柱」，陪我度過這辛苦的一年。

我已高聲宣布「要尋找真正想做的事」，實在不好意思退縮，但這半年來，我其實還是很迷惘。

「做什麼工作」有那麼重要嗎？

我為自己捏造各種理由，但我最迫切需要的難道不是在失眠的夜晚，陪我一起睡覺的「專屬男人」嗎？

到頭來，我一面想纏著對我有所留戀的「男人」，一面又拚命阻止自己去纏著我所留戀的「男人」。

我的存款跟我名為「熱情」的能量一樣，一天天減少，徒增不安與焦躁，讓我很想尋求他人的建言。

＊註：祈禱與焚燒護摩是一種日本密教的祛災避邪儀式，主要是在不動明王與愛染明王面前築祭壇、設火爐，焚燒鹽膚木，代表燒掉煩惱。

2012/06/04 **「遇見仙人」**

隔天早上，我四點起床，心想「仙人」應該都很早起。我埋伏在某間山中神社前面，因為我聽說這裡是Z老師的住所。

不愧是高於海拔一千公尺的地方，時值六月這裡還是很冷。

我以毛巾代替圍巾圍在脖子上，單手拿著手電筒，佇立於黑暗的山路，當東方的天空透出微微的陽光……

什麼！我竟然看到仙人了！

他的身形很小，下巴蓄著全白的長鬚，年紀大約八十多歲吧？

我聽旅館老闆娘的敘述，還以為他是個眼神銳利的人，沒想到他的長相很柔和，看起來很溫柔。不知道是不是腳不好，或因年紀大了，他由侍者攙扶著。

「冒昧打擾您，我最近感到焦躁不安，剛好得知老師的事，就跑來了。」

我老實地說，Z老師卻說：

「喔，這樣啊，那麼……妳要不要一起做早課？」

因為這句話，我跟著在深山修行的眾人，一起做了早課（讀經）。

拜見仙人讓我很滿足，我想差不多該告辭而站起身之時，仙人宛如惡作劇的小孩，輕輕一笑地說：

「妳啊，到底在害怕什麼呢？」

「沒有……我沒有在害怕什麼。」我想這麼說，言語卻鯁在喉頭，無法說出口。

「妳不知道自己在害怕什麼，就無法找到解決方法呢。」

「唉，別擔心，妳的壞毛病就是想太多。別無精打采，把力量集中在肛門，自己的人生，妳要自己振作向前進才行啊。」

肛門？

總之，仙人突然冒出的話，讓我的心熱了起來。

幫助你找到真正想做的事

17 去見莫名吸引你的人。

仙人登場
嘿呦
嘿呦
妳到底在害怕什麼呢？
妳的壞毛病就是想太多，把力量集中在肛門，邁步向前走吧！
嘿呦
嘿呦
我們才剛碰面，為什麼他知道呢！
嘿呦
還有肛門是什麼意思？

2012/06/05「我在害怕什麼？」

今天早上起來，我本來決定要去小春推薦的溫泉。

但仙人的一席話，卻讓我突然放棄泡溫泉，改成一整天把腳泡在旅館附近的溪流。

「妳啊，到底在害怕什麼呢」……

仙人的話在我腦中打轉。

我害怕的東西……不安？……我不斷思考，卻連自己在不安什麼都搞不清楚。

腰痛復發、貧窮、孤獨而死、老化、肥胖、皮膚粗糙、手腳冰冷、更年期……不對，不是這些讓我不安……

是更偏向精神層面的東西……該怎麼說呢？心理陰影？

嗯……不行，我完全想不通。

2012/06/06 **「問自己的心」**

要回東京的那天早上，我想再見一次仙人，於是又一大早埋伏於神社前。

但是仙人正好出門三天，我沒能見到他……在我想放棄就此回東京時，在山中修行十年的光頭T先生（三十多歲）對我說：

「妳要不要在這裡住一段時間呢？」

他突如其來的邀請讓我吃驚。

「但是我沒帶多少現金來……」

「這裡是『鍛鍊身心的道場』，只要妳抱持服務的心來幫忙，功德金並不重要，隨意就好。」

「我……不太了解精神世界的事情……老實說，我很不擅長這些，這樣的我來幫忙沒關係嗎？」

「請別用腦袋思考，是否要留在這裡，請問妳的心。」

事情就是這樣。

因為T先生強而有力的一席話，以及不可思議的緣分……我在山腳的「鍛鍊身心的道場」展開修行。

幫助你找到真正想做的事

18 停止思考，若感迷惘，請問自己的「心」。

2012/06/07 **「突然展開為期兩週的修行生活」**

難道我誤入陷阱了嗎？

我早上四點半被拍醒，素著一張臉，穿上白色工作服，被指示去打掃道場周圍環境，此時，我開始後悔。

我見到仙人的那個早上，因為太感激而沒留意「道場」的環境……如果我有注意觀察四周，我會看到道場各處都有注連繩*註，掛著「世界和平」、「國泰民安」等誇張的標語……此外，這裡的人不分男女老少，從早到晚都在道場「祈禱」，不斷唸經。

奇怪……這裡真的非常可疑！

鍛鍊身心的道場生活★基本日課表

早上四點半：起床

五點：打掃

六點：祈禱

七點：吃早餐

接著到傍晚六點為止，煮飯、農事、管理住宿設備（開放給企業研修、集訓）等工作，則由十九至九十二歲的信徒們一起做。

直到夕陽西下，結束所有工作，收拾完晚餐，完成沐浴，就是自由時間，但是幾乎所有的修行者都會回到道場，犧牲睡眠時間來祈禱（唸經）。

一整天都不斷地進行勞動服務，只有上廁所的時候能獨自稍事休息。

此外，修行似乎有沖瀑布、斷食等各種方法，但只有高級班的修行者才可以做。初學者去做這些事會走火入魔，所以我的修行是以「祈禱」為主。

等一下，奇怪？

這麼說來，「祈禱」到底是什麼？

＊註：注連繩，用稻草編成的繩子，是日本神道用來淨化的咒具。

2012/06/08「祈禱與行動」

「妳若打算在這裡住兩週，最好買一本祈禱書喔。」

T先生這麼對我說，老實說我正不安地想：「果然來了……」

把話說得那麼好聽「住宿費用隨意就好……」其實是打算以半強迫的方式推銷日幣十萬、二十萬的高價祈禱書吧，我害怕了起來。

但是，T先生拿給我的書，封面是用藍色和紙做成的——一千日圓的書。

一千日圓？

這極公道的價格讓我鬆一口氣。那本書寫滿祈禱文、《般若心經》等融合神道（日本固有宗教，屬泛靈信仰）與佛教的經文。

嗯……看來我想的「祈禱」與此處所指的「祈禱」不一樣呢。

我想的祈禱是祈求現世利益，「幸福、幸運」等。

例如「希望找到適合自己而且能餬口的工作」、「希望遇見好伴侶」、「家宅平安、生意興隆」等一般所指的祈福。

但是，這裡的祈禱都是在對上天、神明和祖先致謝，或為死者祈福。

2012/06/12「鍛鍊身心的修行生活」

據說，仙人在二次世界大戰期間，看到孩童摸索著氣絕身亡的母親的乳房，非常心痛，所以捨棄成為醫生的夢想，設立這個「宣揚心靈教育的道場」。

仙人和幾名重要幹部、道場生，每天都在這座山裡努力從事勞動服務。其中包含離家來到山中生活的人，以及每年花幾個月來此鍛鍊身心的人，而鍛鍊身心的方式因人而異。此外，這裡沒有休息日，全年無休，一年三百六十五天都在修行（這是當然的）。每日三餐由稱為「太太」、在此修行的五十多歲爽朗女性負責。超級好吃喔！雖然不算豪華，但淡淡的調味引出食材、蔬菜的甘甜，讓食物的原味充滿我的五臟六腑。

這裡有提供飯後甜點，偶爾也有肉類料理，但基本上還是走質樸風。有時若我有空，我會和道場生一起去山上採山菜（蕨菜、野薑與款冬）、山椒的果實。

每日三餐都在炊事場旁邊的榻榻米房內用餐，我們將幾個折疊式的矮飯桌組合起來，從仙人到年輕的道場生，大家一起跪著吃。

我們以感謝的心，唸誦「我將享用天地賜予的糧食」再開動（我非常喜歡這句話），而且必須吃到一粒飯都不剩……最後，將喝到剩一點點的茶水倒入盤子、融合殘渣，再全部喝下去。這是禮節，也是為了感謝賜予我們食物、栽培作物的農家，以及為我們做菜的太太。

今天晚餐，坐在我右手邊的是，曾經叛逆的十九歲少年（因父母親的強烈要求，來這兒修身養性一年）。

左手邊是超過八十歲依舊非常健康的老先生。他為了吃山豬肉裝假門牙，每天早上一定會做三十次伏地挺身。

乍看之下，這些人完全找不出共通點。第一次和這些人面對面圍在一起用餐，我不禁疑惑「這裡到底是怎樣？」頓時恐慌了起來，但是下至十九歲，上至九十二歲，和這些人生大前輩們，每天早上四點半一起起床、拚命忍住睏意唸經，工作到汗流浹背，吃盡苦頭、吃大鍋飯，不論「祈禱」的效果如何仍專心祈禱……我覺得自己的細胞正在逐漸再生。

2012/06/14「王子登場」

我在炊事場太太的指示下，幫忙準備中餐，突然聽見在外頭拔草的女生們齊聲歡呼。

「發生什麼事？」我看出窗外，見到一位簡直像韓流明星的男子……他人偶般的美麗容顏上，有雙閃閃發亮的大眼睛，背著登山背包。

「那個人好像王子喔。」

我看著與深山完全不搭調、全身籠罩閃亮氣場的男子，小聲地說。

「是啊，他的綽號就是『王子』呢。」太太說。

被道場生（尤其是女生）暱稱為「王子」，受眾人喜愛的Y先生，是東京來的三十多歲心理諮商師。

他的顧客遍及名人，似乎非常忙碌，但仍會空出時間，定期來這裡修行。

如此閃閃發光、看起來很自由的人，需要到這種地方修行嗎？

王子對每個女生都綻放溫柔微笑，為彼此的再次相聚開心不已。看著這樣的他，我覺得不甚痛快。

王子登場！
在東京擔任心理諮商師的王子Y先生，三十多歲。
咦——這人為什麼會來這裡？
呀
呀
呀
呀！
呀！

2012/06/17「自我嫌棄與自我憐憫的開關」

不知道是因為沮喪，或是還沒習慣這裡的生活，我累積了不少壓力。

我發燒到三十九度，徹底病倒，明明是為了鍛鍊身心才來修行，卻縮在棉被中兩天。

我嘆息著自己的不中用，在被窩中縮成一團，這時，王子帶著飯糰來探病。

「妳的身體狀況如何呢？」

「還好，但是我太在意周遭的人，所以無法平靜……」

「為什麼要那麼在意其他人呢？」

「就妳說的，好像都是別人的錯。請妳先把注意力集中在自己身上，穩定自己的心，才能獲得平靜。」

「別人是別人，每個人都有自己的課題。不論是妳，還是這道場裡的所有人、來參拜的人，每個人都有自己的道路，但是請不要擔心。

雖然前進的方向不同，但每個人到達的目的地都是一樣的。」

幫助你找到真正想做的事

19 與其在意他人，不如先保持心靈平靜。

2012/06/19 **「自卑感萌生」**

每天晚上七點，以仙人為首，道場生會依照年功序列*註的順序洗澡。為此，大家會以輪班的方式燒熱水，但這工作……竟然是從早上十點開始！

為了夜晚的入浴，我們不到中午便開窯燒材。

當然，收集木柴、砍柴等準備都需要大量人力，極耗體力。每天在使用這麼多人協力準備的珍貴熱水時，我就會想：

「我在追求的『真正想做的事』，該不會是一場幻夢吧？」我邊想邊添加木柴。

「我來幫妳吧？」一道男性的嗓音響起。

我回頭，看見剛結束山中工作的王子，額上滴著大顆汗珠，露出微笑。

我為他過於純淨的笑容而癱軟，咚的一聲，坐到地板上。

「還好嗎？不好意思嚇到妳。」

慌張的王子立刻伸手要扶我。

「沒關係，真的沒關係啦！」

我拒絕王子突如其來的舉動，推開他的手。

「真的……很對不起。」

王子一臉抱歉地離去。

我盯著王子的背影，開始厭惡自己的個性。

難得王子對我說那麼溫柔的話，我卻這麼不解風情……

真是不走運。但是，不行呀……王子一表人才、社會地位高、渾身散發著閃亮光輝，而我卻是沒有女人味、換二十次工作，毫無用處的人，看著王子，這種想法便會不斷冒出來……

令人坐立難安的負面情緒在我心中騷動……無法平息，好可怕……

＊註：「年功序列」為日本的企業文化，此處是指以修行年資和職位為洗澡順序的標準。

2012/06/21「向神明抱怨」

明早我將結束兩週的短期停留，離開深山，今晚我拿著祈禱書，前去道場。

但是往道場路上的電燈已被關掉，四周一片漆黑，我只能依靠月光前進。

而急著前往目的地的我，竟不幸從八公尺高的階梯跌下來！

撞到地面的瞬間，頸部發出「啪嚓」的骨折聲響，我心想「啊，我死定了……」，馬上失去意識。

打在窗戶上的雨聲，使我醒過來。

我抱著暈眩的腦袋，慢慢坐起來，竟感到不可思議地輕快。脖子當然很痛，像被鞭打般，但渾身的疲勞感已散去，是心理作用嗎？我似乎連視野都變寬廣了，難以相信自己毫髮無傷。

看了看道場的鐘，我知道自己只喪失意識十五分左右。

平時這裡總是有在祈禱的前輩們，今晚卻一個人也沒有。

我獨自在冷清的道場中點燃線香，端正姿勢跪好。

使勁將力氣灌注於丹田，持續深呼吸一陣子……從腹部深處發出聲音，開始祈禱。

大約唸到第三十卷經文，突然，我的胸口正中央漸漸發熱……

嗯？這是什麼感覺？

奇怪？奇怪？當我這麼想時，我瞬間……被白色光芒包圍……這該怎麼描述比較好呢？

從胸口正中央，輕輕飄出一道光，我被自己散發的光芒所包圍，眼前一片純白……我手足無措，突然嘩啦嘩啦地湧出淚水……當我回神時，我已在神殿前不停叩頭，嚎啕大哭……

「到底該怎麼辦呢？我不知道……我想感謝自己被生下來！我想心懷感謝，毫無遺憾地享受人生，但是我一直都很孤單，最後還是只剩下自己……我的人生到底是在哪裡出了差錯？從今以後，我到底該怎麼辦？」

「喂！如果真的有神明，請祢告訴我吧！」

我對說出這番話的自己感到驚訝。

我竟然在向「神明」抱怨。

「……不對。」

腦袋左方傳來聲音。

「什麼？怎麼回事？」我東張西望，當然一個人也沒有。

是錯覺嗎？突然，腦袋後方又傳來聲音。

「妳要感謝經驗……感謝自己能體驗苦痛……」

這次，我聽得一清二楚。

雖然非常短，但確實有聲音傳來。

幫助你找到真正想做的事

20

辛苦、痛苦並非不幸，要感謝自己能體驗這些。

2012/06/22 **「因為眼睛看不到」**

經歷這般神秘的體驗，我以為昨晚我會夜不成眠，但沒想到我猶如驅除了附在自己身上三十四年的邪物般，沉沉入睡。

隔天一早，我因為鳥鳴而轉醒，感覺自己重獲新生。

我至今的人生是否只是一場惡夢呢？我心不在焉地想，蹲在道場的角落收拾行李，此時，仙人難得地拄著拐杖，獨自來到我的前方。

「妳今天要回東京去吧？」

「嗯……其實昨天……我碰到一件不可思議的事。」

「喔？然後呢？」

仙人的表情好像看透了我。

「那是對無法用眼睛看見的信仰來說，最真實的東西吧。」他微笑。

聽到仙人的這句話，我立刻鞠躬。

「如果不會為您帶來困擾，可以讓我再待一段時間嗎？我會幫忙，也會打掃廁所……」

「欸，將力量集中在肛門，腳踏實地努力修行吧！」他笑著說。

2012/06/23「請放鬆緊握的拳頭」

年輕的修行者搭乘兩台卡車，大家一起去採山菜。

我一邊採著土當歸、山椒的果實、繁縷等藥草，一邊想那晚在道場聽到的神祕聲音。

難道我當時已一腳踏入「那邊的世界」嗎？

是我的幻聽？不對。是人神合一？涅槃？自我交付*註？無我？皈依？高次元的聲音？本源？能量……不對，或許是「冒出自己的想法」？

我思緒紛雜的同時，耳邊傳來女人的歡呼。

「這是『茖蔥』吧？對強身健體很有效喔。」

露出潔白牙齒對我微笑的女人是E小姐。

她的年紀似乎比我大一點，十分柔弱，有一頭黑長髮，看起來很脫俗。

「但是東京人不吃這種東西吧……」

E小姐拿著茖蔥自言自語，而我突然想到……

沒錯，只需「放棄那些想要的東西」啊！

現在，我只需感謝自己能留在山裡，享受這瞬間吧？因為有太多期望無法實現，才會招致失望；因為追求遙不可及的理想，才會絕望。也就是說，沒有想要的東西就不會痛苦。

我只需感謝自然的恩惠，滿足於眼前微小的幸福，別去想痛苦的事情。

我將E小姐遞給我的茖蔥湊近鼻端。

看我因澀味直衝鼻腔而皺眉，E小姐揚聲笑了起來。

＊註：自我交付是宗教用語，表示交出、奉獻自我。

幫助你找到真正想做的事

21 有時要放下一切，順其自然。

2012/06/29「向有十年道場經驗的女性前輩諮詢」

基本上，這裡沒有休假日，工作就是「服務」……勞動基準法管不了……是極端的信仰式道場生活。E小姐在這種地方工作十年以上。

收拾晚餐之際，我問E小姐。

「E小姐為什麼會來這裡？」

「我以前心臟功能衰弱，但當時並不是在生理上感到痛苦，我更在乎為什麼自己和其他人不一樣，為什麼我不能過普通的生活，非常自責。各家醫院都放棄我，連父母都束手無策，只有Z老師不一樣，他整晚沒睡地照顧我，不論是我身體的病痛、悲傷、後悔或憤怒……他都能體會。」

「現在妳的病已經痊癒，卻仍留在山中生活，是為了報答老師的恩惠嗎？」

我突然脫口而出這些話。

「報恩？我當然也有想到這點，可是那種想法很傲慢吧？」E小姐笑著說。

「我只是喜歡山間的生活，大自然每一瞬間都會展露完全不同的樣貌。陽光、風聲、流水聲……以皮膚去感受時間的流逝，對我來說就是最幸福的事喔。」

「妳不迷惘嗎？即便妳沒有報酬？」

「報酬？」E小姐皺了一下眉頭。

「說起來，報酬到底是什麼呢？能夠維持生活的金錢是否就是『報酬』呢？」

「當然我也認為金錢很重要，但是這裡的生活是無法以金錢換取的……至少對現在的我來說是這樣。」

幫助你找到真正想做的事

22 工作的意義、勞動的回報，重新思考非金錢的「報酬」。

2012/07/03「告別樣本幸福」

E小姐的話在我耳邊縈繞。

「說起來，報酬到底是什麼呢？能夠維持生活的金錢是否就是『報酬』呢？」

我無法反駁這番衝擊性的發言。

我從來沒想過，除了金錢，「勞動」的報酬還有其他形式。

但是仔細一想，或許人們所追求的報酬不只有金錢。

像E小姐這樣曾失去健康的人，所要的報酬或許是能健康生活的環境，而對於喪失親人、孤身無依的人來說，在這裡生活，應該能療癒他們的孤獨吧。沒錯，每個人的幸福都不同，「幸福」並沒有樣本。

幫助你找到真正想做的事

23

每個人的幸福都不同，尋找專屬於自己的「原創幸福」吧。

2012/07/04「令人震驚！王子的真面目」

我往門外看，就能看到和其他男人相處融洽、手腳俐落、拚命做農務的王子。

不只是女性，男女老少都喜歡他，他到底是個多耀眼的人啊？

我打掃著玄關，有點壞心眼地在心中說王子的壞話，突然有雙滿是汙泥的長靴直接踩髒剛擦好的地板。

「啊，好不容易才擦乾淨……」我低聲嘟噥。

「哇！對不起，我沒注意！」

聽到這聲音，我猛然抬起頭，眼前赫然蹦出王子的美麗臉龐。

「我好像老是在跟阿部小姐道歉呢。」

我不知道該看哪兒，只能盯著王子的長靴。

「為什麼王子……不對，為什麼Y先生會來這裡呢？」

「我一直有強烈的自殺傾向，很想死、很想死……一開始是被擔心我的朋友硬拉來的。」

「什麼？」

王子出乎意料的坦白，使我無言以對。

王子從小熱衷於擊劍，曾經有望成為奧運選手。但是，受傷使他在第一戰就被刷下來。王子在此之前的人生都以奧運為目標，他因此罹患了燃燒殆盡症候群*註。

之後，雖然被任命為培育未來奧運選手的青少年專門教練，但在其他世界級選手於全國各地激烈廝殺時，他卻看盡頂尖運動選手真正面對的現實……感到茫然若失。

他不知道該相信什麼，為什麼而活……此後，從他離開擊劍的世界開始，他喪失支撐生命的心靈支柱，每天的精神狀態都很不穩定，只想著怎麼死比較好。

於是某一天，擔心王子的朋友向他推薦這座山。

「後來我才知道，熱衷於擊劍使我得以逃避許多事情，所以突然失去目標，之前我避掉的問題便一口氣爆發。」

「你說的問題是指什麼？」

「『接受現實的能力』。在運動的世界，只要有一定程度的能力，你的努力便會帶來成長，但在現實社會有很多即使努力也無計可施的事情吧？」

我沉默地點頭。

「我失去生存的目標，精神上的懦弱表現於外……我憎恨自己與周圍的一切，只會找藉口。最後我才清醒過來，心想原來要死，隨時都能辦到呀。我一掃心中的陰霾，決定運用我的經驗，成為一名心理諮商師。」

外表看來，我以為他是「沒吃過苦的王子殿下」，而今對於這樣的片面認定，我深感抱歉。

「因此，即便我已經回歸現實社會，還是會來山中修行，雖然也有人說我這是在逃避現實，但我認為反而是相反……

我沒有逃避現實，我是為了面對自我才來這裡的。

這座山裡的人，大家……包括阿部小姐，都是這樣吧？」

＊註：燃燒殆盡症候群，傾盡全力朝某目標邁進，完成後身心猶如燃燒完的灰燼。

幫助你找到真正想做的事

24

別忽視現實，接受過去、面對真實的自己。

2012/07/05「終於打開潘朵拉的盒子」

下雨的早上，有件事毫無預兆地發生。

現在我已能背完經文，而當我在祈禱時，腦中突然變成一片空白，過往的記憶無預警地甦醒。

那是我幼稚園時的事情。

父親的事業不順利，責任感比別人強的父親為了守護家人與員工，因此疲憊不堪。

父親因疲憊而與客戶起衝突，於是他將陷入困境的負面情緒發洩在家人身上。

「有過這樣的事啊。」

我已完全忘卻的這段家族記憶復甦的瞬間，我的眼淚撲簌簌地滑下臉頰。

那時，我終於發現仙人說的「我所害怕的東西」。

到現在，我仍害怕著「認真工作」而不自知。

幼小的我看著父親為了家人、公司員工而認真工作，卻漸漸失去平靜……我心中的父親變成「為了養活家人」卻「忽視家人的父親」，工作給我的形象極為任性。

我放任自己留淚。

三十五歲的我和當時的父親差不多同齡，現在的我已能理解父親。

那時的父親只是為了守護家人而「拚命」罷了。

現在已經沒問題了，我不再害怕，工作並不可怕。

我對「工作」的印象，轉變成積極肯定的態度。

幫助你找到真正想做的事

25 對「工作」的看法變得積極，抱持肯定的態度。

2012/07/06「來自黑服M先生的信」

用完晚餐，我將電池裝入一直關機的手機，馬上收到一封來自黑服M先生的簡訊。

「好久不見，結束銀座的工作後，妳過得還好嗎？」

雖然只有一行字，卻溫暖了我的心。

這是在深山無法體會到的溫暖與興奮。

我拿著手機走出房間，躲在浴室旁放木柴的地方，在朗朗月光下，偷偷按下黑服M先生的電話號碼。

「怎麼了？我很擔心喔。」

再度聽到手機傳來黑服M先生的聲音，我的心撲通直跳。

啊，我好想見黑服M先生。

我覺得來到這座山，我變得越來越坦率了。

「M先生，我……」我正要開口說話，在黑暗中，某人卻拍了我的肩。

「什麼啊，阿部小姐，原來妳在這裡。」

「快點，祈禱的時間到了，走吧！」

搞什麼！怎麼偏偏在這微妙的時刻說要「祈禱」！

手機那頭響起黑服M先生呼喚我的聲音。

「等一下，涼小姐？祈禱？什麼祈禱？妳在哪裡？涼小姐？」

混亂的我只對他說：「等事情結束……我再……再連絡你。」我掛了電話。

2012/07/07「七夕」

今晚是七夕。

我們去山裡採了幾根竹枝，大家圍坐在桌前，把心願寫在長條的詩箋上。

大家在木製的牌子上，用梵文寫「心想事成」等，真是氣勢萬均的詩箋。

環顧四周，其他前輩都是寫「希望〇〇康復」、「世界和平」或「國泰民安」等崇高的願望。

而浮現在我腦中的……竟然是「求姻緣」！

啊，為什麼來到這種純潔的地方修行，我的腦袋還是不時地浮現「男人」呢？

我東想西想，最後什麼也沒寫。

「妳是不是有心事呢？」

傍晚，在打掃道場的時候，仙人跟我搭話。

「該怎麼做，才能讓我的心平靜呢？」

「唉呀，妳有什麼想要的東西嗎？」

「心靈的平靜……我的心性多變，想要的東西常常在換……一顆心總是紛亂而不滿。」

聽到我說這番話，仙人呵呵笑。

「人啊，千萬不能成為索求的乞丐喔。」

索求的乞丐？那是什麼？

「就是什麼都要別人施捨救濟的人啦。給我錢！給我智慧！給我情報！幫我介紹男人！給我光明的未來！總是依賴別人。」

「別著急，妳啊……」仙人繼續說。

「有沒有意中人？」

「咦？」

「如果沒有，我有想讓妳見的男人喔，怎麼樣？」

面對仙人突如其來的相親話題，我不禁張大嘴。

「建立家庭、養育孩子也是人生的重要工作。建立家庭，在山中和同伴一起生活也不錯喔，呵呵呵。」

仙人，我想要獲得心靈上的平靜，請告訴我該怎麼做。
不可以成為索求的乞丐喔。不要什麼都接受別人的施捨救濟。
老是說給我錢——給我智慧——給我情報——之類的。

幫助你找到真正想做的事

26 不要成為「索求的乞丐」，乞求別人給你答案，而要靠自己的經驗與思考找出答案。

2012/07/11「修行雖好，但還是很難捨棄相親」

已經超過凌晨一點，凌晨四點半要起床的我卻在棉被中煩惱相親的事。

仙人說：「只是見面，去看看吧。」

但是，我這一年的目的是「找出真正想做的事」呀……

話雖如此，但老實說我也曾想：「別那麼死板，反正都一把年紀了，抱著只是見面的心態去也不錯吧？」

我的確深受黑服M先生吸引，但是沒必要對還沒有交往的黑服M先生守貞吧。

而且，仙人推薦的男人應該是「不錯的人」吧？我竟然浮現這想法。

不……不對，我擔心的並不是這種事。

因為我如同王子所說的，「是為了不逃避現實，為了正視自我」才來到這座山，而不是為了尋找結婚對象！

如果我去仙人介紹的相親，遇見具有好奇心，而且富有奉獻精神的男人，和他締結共度一生的約定，那麼凡事半途而廢的我只會把「家庭」當作避難所，最後別說幸福的結婚生活，我覺得夫妻兩人都會迫不得已地放棄人生……

不對、不對……等一下，等一下！

我的缺點就是不知變通的頑固、不圓融，雖然我會勉強自己接受，但其實還是徹底地黑白分明。

沒錯，人生最重要的是「灰色地帶」，某本書有寫，接受這種「模稜兩可」是最重要的。

啊啊……可是……

2012/07/25「與王子的談話」

在強颱的暴風雨中，只有我和王子完成夜晚祈禱。已經晚上十一點，我們熄掉道場的燈，關緊門窗。

「雖然我一直在祈禱，但是我……至今仍對眼睛看不到的世界半信半疑。」

聽到我說的話，王子「嗯」了一聲。

「阿部小姐，妳以前問過我吧？問我為什麼會來這裡。其實我來這裡還有另一個原因。」

「是什麼呢？」

「和大家一起圍著矮桌吃飯……這種『普通的飯菜』很美味、很有趣，使我不知不覺又想要回來。」

王子不好意思地說。

「仔細一想，其實我很想相信自己的人生。」

王子突如其來的這番話，讓我不解地歪頭。

「我受傷而不得不放棄擊劍，使我得以運用自己的經驗，從事心理諮商師的工作。雖然過程有點曲折，但我仍想相信自己的人生是正確的，所以……」

「所謂的修行，或許只是要培養值得信任的自己。」

王子說出心底話的隔天早上。

在狂風暴雨中，我蜷縮在被窩裡，下定決心。

我想跟王子一樣，相信自己的人生。

我想相信，換工作次數高達二十次而產生的自卑感是有意義的。

颱風直撲而來的那個夜晚，我回絕仙人提議的相親，決定好好過完這一年，我絕不逃入婚姻，也不會以年齡當藉口。

幫助你找到真正想做的事

27

不以婚姻來逃避，不把年齡當藉口。用盡時間與精力，打造值得信任的自己。

2012/07/27 **「決定下山」**

我告訴仙人我的決定。

我說：「我想再獨自努力看看。」

「真是可惜，但妳有妳的人生目標，所以……」

「把力量集中在肛門，向前邁進吧。」

我和仙人異口同聲地說。

在這小鎮最偏遠的公車站，我在自動販賣機買了罐裝酒，一口氣灌下。

我的五臟六腑都為久違的酒精而興奮。

我打開第二罐酒，朝陽自雲間探出臉。我瞇著眼注視朝陽，下一瞬間，我突然頓悟。

啊……原來是這樣啊，我的「精神世界」或許就像這初升的太陽。

瞻仰太陽，我雙手合十，淚眼汪汪地說：「真是感激，真是感激。」但我無法長時間仰望太陽。

光線很刺眼……而且我的手機突然響起來。

來電的是——黑服M先生。

我單手拿著罐裝酒，慌張地拿出手機，手機傳來黑服M先生酩酊大醉的聲音，這還是我第一次聽到呢。

「涼小姐，妳在哪裡？妳在哪裡？」

「那個……，我在山裡。」

「妳的手機關機，我很擔心，超級擔心！」

呼吸著早晨清新的空氣，沐浴在朝陽之中，聽黑服M先生有點撒嬌的聲音，我突然強烈地想念黑服M先生。

我喜歡他、想見他，真的，不論怎樣都好，我想將我的心意，毫不保留地告訴這位「夜晚的男人」。

「那個……雖然一大清早就說這種話，你可能會覺得莫名其妙……但是我喜歡M先生……」我的話才剛脫口而出……

「我啊……我有事要跟涼小姐說，很重要、很重要的事喔！」

黑服M先生大聲說完，切斷了電話。

2012/08/11「與黑服M先生在六本木重逢」

第一次與M先生約會的我，因為緊張而吃不出料理的味道，但這次我捧著鹿兒島的芋燒酌，氣定神閑地品嚐博多的牛腸火鍋。

「好好吃。」我說。

「我的老家在福岡，所以我常來這裡。」

我一五一十地將整件事告訴M先生，包括我這一年的目標，以及我如何因緣際會地認識道場的朋友們。

「喔……尋找真正想做的事嗎……真令人羨慕啊。」

我本來以為自己絕對會被當成呆瓜，但黑服M先生的反應卻讓我吃了一驚。

「你不笑我嗎？」

「妳能體驗各種工作吧？那不是很好的學習嗎？」

啊，沒錯，我就是喜歡他這樣子……

「對了，你說有重要的事要跟我說，是什麼呢？」

黑服M先生放下芋燒酎的玻璃杯。

「其實……我要回福岡了。」

「什麼？」

黑服M先生說，他在福岡的父親身體狀況不太好（母親已在幾年前去世），雖然他有妹妹，但已嫁到外縣市，所以身為長男的黑服M先生不得不回去。

「你什麼時候要回去？」

「時間很趕，就在後天。」

「後天？為什麼……」

為什麼我的人生總是這樣呢？

「最後可以再見涼小姐一面真是太好了，真的。」

「最後？你不要擅自結尾啦……」

這句喃喃自語，已耗盡我的心力。

「涼小姐？」

「不是……那個……我……身體有點不舒服，先失陪。」

我無法控制自己的思考與言行舉止，於是我拿起包包，衝出餐廳。

我跑到大街上，卻不知道車站的方向，只好舉起手攔計程車。

「妳這種個性，別說找到真正想做的事，還可能一輩子單身喔！」

後方傳來黑服M先生的聲音。

聽到這句話，走在路上的情侶與帶小孩的父母都忍不住笑出來。

「什麼話啊……M先生才是，只不過是好一點的男人，用不著擺出矯揉造作的架子吧！」

我吐出摻雜悔恨的話語，快速竄入剛好開過的計程車。

2012/08/18 **「決定下一份工作」**

我和黑服M先生鬧彆扭分開，已過了一個禮拜。

事後想想，對黑服M先生來說，現在是應該照顧父親的辛苦時刻，但我卻……我為自己的任性與妄想感到羞愧，尤其是我的自大。

不走運的日子持續運轉。

我家隔壁的公寓太老舊而要拆掉，重建新的高樓大廈。

從早到晚，巨大的怪手像叉子挖掉蛋糕般，奮力推倒公寓。喀鏘喀鏘、咚哐咚哐，發出令我房間震動的噪音，為此我感到無比煩躁與憂鬱。

在我開啟自我憐憫的開關時，偶然在徵人廣告上，看到我從前就很感興趣的工作。

看著佔滿整個版面的牧草與地平線，我的心被猛烈地撼動。

如果我能在這種地方工作就好了……

我猛然停止想按下「應徵」鍵的手指。

等……等一下，被大自然環抱的工作環境或許很美，但是這份工作是以勞力為資本，雖然是只有三個月的打工，但對於有腰痛痼疾的我來說，這麼草率地應徵好嗎？

（經過十分鐘）

算了，反正這是賭上全部財產的難得機會。我想都沒想過的極北之地，可能藏有屬於我的寶藏吧。

我深呼吸，按下「應徵」鍵。

隔天，「老闆」迅速打來電話。

「如果妳能接受短期打工，下個月就趕緊過來吧，但是來北海道的交通費要麻煩妳自己負擔喔。」

從東京到北海道的單程交通費是三萬日圓整！

收支表（2012年6月～8月）

▶ 2012 年 6 月～ 7 月（兩個月的深山修行）

- 固定支出（100500X2 個月）201111 日圓
- 餐費 19500 日圓（含外食費）
- 往返的交通費 30000 日圓（深夜巴士、電車）
- 民宿住宿費 14000 日圓（2 天）
- 道場住宿費 X2 個月 50000 日圓（酬禮）
- 祈禱書費用 1000 日圓
- 雜支 5000 日圓

收入……0 日圓

支出小計……333500 日圓

★存款餘額 813600 － 333500 ＝ **480100** 日圓

▶ 2012 年 8 月（找工作）

- 固定支出 100500 日圓……※（參照 P114）
- 餐費 18000 日圓
- 交通費 5000 日圓
- 交際費 35000 日圓（表妹結婚禮金、慶祝友人搬家）
- 雜支 5000 日圓

收入……0 日圓

支出小計……168500 日圓

★存款餘額 480100 － 168500 ＝ **311600** 日圓

Chap.3

北海道牧場
命中注定的相遇

2012/09/01「牧場生活」

我平安抵達日本列島極北之地，北海道的那一端，住進一對牧農夫婦的家中。五十多歲的先生（老闆）繼承祖父在北海道的酪農事業，是第三代傳人，這裡除了住著老闆娘，還有其他二、三十歲的女性工作人員。

牧場裡飼養大約四百五十頭乳牛（荷蘭乳牛）。包括我，一共有三名工作人員，每天最基本的工作就是追牛（引導牛隻由牛舍走向擠乳場）、清理糞便、餵食、擠乳。這些工作分成前半天與後半天，一天要進行兩次。

老闆與老闆娘除了做這些工作，還要不定期地為牛隻配種、接生、除草，從照顧牛隻到經營牧場，都由夫妻一手包辦。

當然，照顧母牛光靠現在的人手是不足的，因此我剛到牧場，擁有匠人性格而沉默寡言的老闆即說：

「不好意思，在增加一名工作人員之前，麻煩妳一個星期只休一天。」聽到他這麼說，我的雙腿因不安而微微顫抖。

在這牧場工作一定要住在這裡，不知道是不是因為人手不足只能休一天，還是有其他原因。睜著一雙圓眼睛的可愛老闆娘有點寂寞地說：「我們雇用的工作人員都待不久呢……」

「住在這裡」其實是借給每位工作人員一人一間移動式住房。

移動式住房中，有三坪的飯廳與廚房，一坪半的臥室，還有附家電與整套家具，不需租金與電費、瓦斯等費用。而移動所需的車輛則是三名工作人員共用兩台車，可以自由使用。

福利制度真好，東京的房租可沒辦法壓到十萬日圓以下呢……

牧場工作★基本日程表

前半天：凌晨三點半～早上八點

休息

後半天：下午兩點半～晚上七點

一天的工作分成兩個部分，各為四個半小時到五個小時的勞動。

新進工作人員一整天幾乎都在清理糞便、餵食牛隻、將牛從牛舍引導到「擠乳場」。

來這裡之前，我抱著些許期待，想像自己或許會像「阿爾卑斯山的少女」一樣，可以觸摸乳牛柔軟的乳房，優雅地擠乳，但是擠乳作業是由前輩操作機器來完成的。

嗯……有點可惜。

2012/09/02「比我年輕十四歲的教育主管」

到達牧場的隔天，清晨三點半。

不僅朝陽還沒出來，天色甚至還很漆黑，我穿著工作服與長靴，聞著不習慣的牛舍氣味，緊張到極點。

「這個人會教妳如何工作。」

老闆為我介紹教育主管，她的眼神堅定，留著一頭短髮，名為小A（二十歲）。

「我是從今……今天起，要受您照顧的阿部。我第一次接觸牧場的工作，也許會為您添麻煩……請多指教。」

我向只有二十歲的前輩鞠躬。

「妳為什麼想來牧場工作呢？」小A問我。

我老實地說出自己今年的打算。

「出於這個理由，妳真的會認真地在這裡工作嗎？」小A眼神銳利地盯著我。

「是的……請多指教。」

「妳說真的？阿部妞兒真是有趣耶！」

阿部妞兒？

我第一次和小我十四歲的女生打交道，竟被叫作「阿部妞兒」……

「和她一起工作，應該可以相處融洽吧？」我鬆一口氣。

2012/09/05 **「年輕卻值得尊敬的前輩」**

從我住的移動式住房到牛舍的通勤時間是十五秒。

從此拜別尖峰時段的客滿電車，但是，牛舍飄來的刺鼻牛糞味，以及飛進房間的蒼蠅，使我到工作的第四天，仍無法安穩入睡。

我過著尚未習慣的牧場生活，有一次，當我在牛舍中走來走去，趕著牛隻時，一隻突然發情的淑女（母牛）竟然瞪大眼，向我衝過來！這隻超過六百公斤，鼻息如酒醉巨漢般不穩的牛，貌似要攻擊我，使我的雙腳不禁癱軟。

不過除了這種慘事，在這裡也有發生讓人開心的事。

雖然第一次見面時，小A板著一張臉，但從牛隻照顧、業務關係到其他事項，她都親切仔細地教我，包含在牧場如何生活、怎麼去超市買東西、怎麼去醫院等生活須知。

「為什麼妳對我這麼好？」

結束一天的工作，我在洗長靴的時候，脫口而出這句話。

小A脫下連身工作服的上半身，露出年輕的皮膚。

「牧場的工作很辛苦，大家最後都會辭職，但是妳我既然有緣，在一起工作的時候和睦相處不是很好嗎？」

小A的話讓尚未習慣牧場生活而感到不安的我眼眶泛淚。

竟然來到
北海道——
要感謝
經……
經驗！
咚

「但是，我對大部分的新人都很親切，唉呀，那是作戰計劃啦。」

「作戰計劃？」

「因為對阿部妞兒親切一點，我的工作也會變得比較輕鬆吧？大家都會一起照顧牛嘛！」

「這樣啊……但是，如果我厚臉皮地接受小A的好意，還擺出大姐的架子呢？」

小A想了一下說：「我會覺得這個人沒救了。」

「什麼意思？」

「厚臉皮地接受人家的好意，又做出『沒常識』舉動的人，不論到哪裡都成不了氣候，但我也不是要欺負他喔，我只是不會保持親切，頂多維持『大人般的來往』，因為我也沒有那麼閒。」

二十歲女孩口中吐出的「沒常識」，竟讓三十四歲的我完全招架不住。

「我有自己的見解喔。」小A說。

「要是希望自己的一個願望能實現，就必須幫別人實現三個願望。這樣，彼此的來往才會愉快。」

工作第三天的晚上，我打從心底感謝能來這牧場工作，遇到二十歲的「教育主管」——小A。

幫助你找到真正想做的事

28 希望自己的一個願望能實現，就必須幫別人實現三個願望。

2012/09/14「『女孩』的煩惱」

我即將展開下午的工作，進入牛舍……

有位沒見過的白衣男子站在牛舍裡……他「滋」的一聲，將整隻手臂插入牛的……陰部。

這景象過於衝擊，使我頓時啞然無語。

「這是人工授精師，他正在為發情的牛進行人工授精。」

老闆摸著沒刮的鬍子，站在我身後小聲地說。

老闆的話非常少，但小A偷偷告訴我：「別看他那樣，老闆在暗地裡幫四百五十頭牛都取了名字，這是老闆愛『牛』的方式啊，愛！」

人工授精師以熟練的手法將手臂探入第二頭牛的陰部。

我們的牧場專養乳牛，這裡飼育的牛全部是女孩。

人工授精師頻繁出入牧場，代表這裡的「女孩」從出生以來，連一次，一次都沒被男孩愛過，沒經歷過肌膚之親，為了生產乳汁，不斷接受人工授精↓生產↓擠乳，重複不變的程序……在狹窄的牛舍中，不斷被驅使，終生勞動。

因為即使身為雌性，母牛也不會自動產生「牛乳」，而需要重複受精、生產，才會不斷產出更多乳汁。

因此，要提供市場穩定牛乳量的生產者，必須重複為母牛進行人工繁殖。

「迄今為止，我都一無所知……對不起。」

我意識到自己的傲慢，多愁善感地向牛道歉，此時，老闆高聲怒罵：

「喂！妳在幹什麼！」

我忘了繫上牛舍的鏈條，讓十五隻母牛逃了出來……

重獲自由的十五頭「女孩」，情緒當然非常高昂。

牠們一邊「哞～哞～」放聲大叫，後腳一邊踢得躋天高，四處逃散。

直到日落，我都處於鬥牛的緊迫狀態，和工作人員一起為了捕獲牛隻而奔跑……

順帶一提，雖然也有以自然交配來繁殖乳牛的牧場，但現在日本的乳牛只有百分之二採此方法，肉牛則只有百分之三。

2012/09/17「另一位前輩」

我完全成為「二十歲教育主管」小A的粉絲。

但我很少跟另一位前輩H小姐（三十歲）接觸。

H小姐從四國來這裡工作已有四年，她是位膚色白皙、五官立體的美女，但總讓人覺得難以接近。

不過她工作得比誰都確實、認真，不曾遲到、請假，因為H小姐是這樣的人，所以她對我工作做不好這一點感到有點煩躁。

今天早上也是，我疲於奔命地追趕牛隻，而讓擠乳組的H小姐空等。她說：

「阿部小姐，妳如果對工作沒有更多責任感，我會很困擾。」

「以後我會注意……」我說著說著，低下了頭。

但我絕對不是覺得自己沒有責任感，只是突然要我管理狂野、不受控制的四百五十頭牛，讓我的腦袋一片空白。

而且牛舍的巨大電風扇（為了通風），以及轟隆作響的擠乳機很吵，讓我完全聽不到前輩和老闆的指示……我一邊發牢騷，一邊清理牛舍的糞便，突然又被發情的「女孩」從背後撞上，撲通摔倒，額頭撞上地板，好痛！

2012/09/22 「分辨乳頭的功力」

沒有牧場工作經驗的新進工作人員，每天的基本工作是打掃牛舍、餵食牛隻。

當然，一開始我摸不著頭緒，不清楚這些工作到底有多難，但是看了前輩擠乳的情況……我覺得自己最適合清理糞便。

因為擠乳雖由機器來進行，但要將擠乳器裝在活生生的牛身上，卻是非常困難的工作（有時會被牛的後腳踢到，或被皮鞭般的牛尾打到臉……），而且牛的身體一點也不乾淨。

要先用毛巾將每頭牛的乳房擦拭乾淨，才能裝擠乳器。

此外，牛的乳頭有四個，但並不是從那四個乳頭擠出牛乳就好。牛如果罹患乳房炎*註，乳頭有上藥，就要留意哪個乳頭可以擠乳，哪個不行，即使是同一頭牛，各個乳頭的狀況也都不同，並不是擠出牛乳就好。

小A說：「分辨乳頭的功力，沒人比得過H小姐。」

H小姐能記住每隻牛的體型、臉，以及每個乳頭的狀況。

H小姐可以分辨牛的乳頭可以擠乳或是仍在準備中，甚至能避免牛乳混入不純物質，俐落地保持衛生。小A語帶崇拜地讚美H小姐的擠乳技術：「簡直是神乎其技呀！」

我以前都沒有多想地飲用牛乳，但我現在知道多虧有這群專業人士，牛乳才能產量穩定地上市……真讓人讚嘆不已呀。

*註：乳房炎是乳牛最常見的疾病，細菌侵入乳房，為了排除這些壞菌，牛的身體會啟動防禦機制，引起發炎，若太嚴重，可能導致死亡。此外，每個乳頭都有專用的牛乳容器，要用對容器，才不會沾到其他乳頭所擦的藥。

幫助你找到真正想做的事

29 向匠人的專門技藝致敬。

2012/09/23「寫信給黑服M先生」

大約經過三個禮拜，我已較習慣這份工作，開始思考我與黑服M先生的事。

那晚在六本木與黑服M先生共進最後的晚餐，我們互相口出惡言，從此斷了音訊。

他是照顧過我的人，卻因誤會而斷絕聯絡，果然還是不太好啊。

我拍下牛的大頭照，送出一則簡單的簡訊：「之前的事，對不起。我現在在北海道的牧場，你父親的身體還好嗎？」

當晚，睽違了三個禮拜，黑服M先生終於聯絡我。

「呵呵呵，妳又跑去不得了的地方呢。」

黑服M先生開口的第一句話就在拚命憋笑。

黑服M先生父親的身體狀況「差強人意」，他決定要在福岡的小酒吧擔任服務生。

「都三十五歲了，還要做這種卑微的打雜工作，真討厭啊。」他還說自己在照顧父親的期間，將以兩年為期限，希望能在福岡擁有一間屬於自己的小店為目標，黑服M先生的聲音聽來似乎很有幹勁。

但是我們報告完彼此的現狀，卻找不到接續的話題，尷尬的沉默流淌著。

「那麼……涼小姐請加油。」

「謝謝，M先生也……保重……」

結束了，我三十四歲的暗戀，宣告終結。

這真是太好了，太好了……或許吧。

2012/09/24 **「得到老牛的撫慰」**

傍晚，結束牛舍的打掃、鋪好小牛的草堆，我已癱軟無力應聲倒下，我仰躺在散發陽光氣味的稻草堆上，正好看到牛舍牆壁裂了一個洞。

由這個牆壁洞穴可看到碩大的夕陽，我看著夕陽，一頭年老的母牛在我旁邊沉沉趴下。老牛跟電影《魔法公主》的乙事主一樣年老，鼻息粗重，晃啊晃地搖擺，簡直像在安慰我，俏皮地說著「別擺出要死不活的樣子啦」。

我戰戰兢兢地靠著勇氣媽媽*註般的牛，老牛瘦骨嶙峋的背脊竟莫名地讓我感到溫暖……

這感覺難以言喻，我突然想：「啊，我想要的難道是這個嗎？」

這是面對人生的安全感？還是沒來由的自信呢？……即使遍體鱗傷，還是認為「什麼嘛，我不論去哪裡都能活下去」的安全感，以及「不管怎樣，只要堅持做自己……」的自我肯定，輕柔地擴散到我全身。

說來不好意思，我已活過三十四個年頭，還是第一次有這種心情。

在此之前，我無法接受自己一路走來的人生……無論如何都無法認同。

我非常羨慕能享受眼前微小幸福的人，從前我覺得那種人每天傻笑、太過樂天，我辦不到。

現在我懂了。這種心情……該怎麼說呢？像和長年暗戀，只能遠遠愛慕的他兩情相悅，初次約會時終於牽手，這種極致的幸福沒辦法用言語形容……即使我知道不可能發生這種事。

夕陽沉入地平線，我靠著瘦骨嶙峋的老牛背脊，從出生以來首次深刻體會到這種幸福。

＊註：「勇氣媽媽」出自身兼德國現代劇場改革者、劇作家與導演的貝托爾特．布萊希特（Bertolt Brecht，一八九八—一九五六年）的作品《勇氣媽媽》（Mother Courage and Her Children）。講述在歐洲十七世紀長達三十年的宗教戰爭，勇氣媽媽帶著一個啞巴女兒和兩個老實的兒子，跟隨軍隊做小買賣。一路上，勇氣媽媽賺了戰爭財，卻賠上孩子的命，是描繪小人物在戰爭中求生存的故事。

幫助你找到真正想做的事

30

不論有沒有想做的事，不論對現在的自己有沒有自信，只要盡力去做，一定能對自己感到滿意。

2012/9/29「思念父親的夜晚」

乘著月光，結束工作的我單手拿著手機，在牧場附近漫無目的地走。

深山修行令我發現自己的恐懼——有關於父親的記憶，於是我一直想和父親談一談。

打電話給父親，用想的很簡單，真要我打，我卻不知道怎麼跟父親說話，只能在黑暗的牧場中晃來晃去。

其實今年正月我回茨城老家時，已向父親說明自己今年的打算。

當然，聽到老大不小的女兒這麼莽撞的決定，父親很生氣。

「妳在說什麼啊！亂七八糟！我不管妳，妳不要再回來了！」父親大聲喝斥。

那時我才明白，自已沒必要特地向年近七十的父親宣告「要去找值得做的事」。

之前我因為愧疚與嫌麻煩，總是重複著「勉強的對話」，一直為無法對父親說真心話而焦躁不安。

至今仍維持「昭和時代頑固父親」形象的父親，總是先考慮到「面子與安定」，接下來才是我的意見。

雖然我知道那是擔心女兒的父母心，可是父親一直食古不化地說「社會才沒妳想的那麼簡單」、「妳的人生真失敗」，使我變得一意孤行，鬧起彆扭。

我坐在離牛舍有一小段距離的長椅上，沉澱下來，撥下父親的手機號碼。

電話另一端的父親沒什麼反應，只說：「有什麼事嗎？」

「那……那個，我老是說任性的話，對不起，但是，謝謝您雖然很嚴厲，卻仍舊為我擔心，晚……晚安。」

我連珠炮般，迅速說完，隨即掛上電話。

這樣對父親說一句「謝謝」，就使我的心不可思議地變輕鬆，覺得自己變得更自由，我不由自主地開心起來。

幫助你找到真正想做的事 31

對父母說真心話，即便會吵架，最後仍要抱著感謝的心。

2012/09/30「H小姐的秘密」

期待已久的初次發薪日到來，我悄悄打開老闆給我的褐色信封，一個月的薪水是……十八萬日圓。

扣取百分之十的所得稅，實領金額是十六萬兩千日圓。

我不用負擔移動式住房費、電費、瓦斯費、水費，以及包含飲食費的所有基本生活費，這對有配車的短期工作人員來說，算是不錯的數字吧？

我和小Ａ一領到錢，馬上趁休息時間去超市購物。

我們並肩推著購物車，小Ａ喃喃地說：

「Ｈ小姐在工作上雖然很嚴厲，但她其實很纖細。」

原來Ｈ小姐和小Ａ一樣，曾經親切、溫柔地指導新進工作人員。

但是即使她煞費苦心地教他們，最後新人還是會因工作辛苦而辭職。

這情形不斷上演，傷了Ｈ小姐的心……於是不知道從何時起，她和新進工作人員總是保持一定的距離。

「但是我很尊敬Ｈ小姐對工作的熱情，Ｈ小姐很喜歡這份工作吧。」我說。

「Ｈ小姐其實有其他目標，她好像是利用這份工作來籌措資金。」

「什麼目標？」

「我不能說，但可以給妳提示——夜晚的聲音，妳晚上有聽到咚咚聲嗎？」

那天晚上，我聽到小A說的敲打聲。

我悄悄跑出去，聽到聲音來自H小姐的移動式住房。

2012/10/12 **「牧場生活的隱憂」**

「阿部小姐……阿部小姐！」

H小姐用力拍打我的房門。

結束早上的工作，我吃完中飯後小睡一下，卻再也無法起身。

難道是腰痛復發嗎？不會吧？

我看著時鐘，發現後半天的工作已開始二十分鐘，我遲到了。

我爬過去開門，見到身穿工作服的H小姐叉腰站在那兒。

「阿部小姐，妳的臉色很差耶。」

聽到H小姐的話，我立刻挺直背脊，但從咽喉到腰部馬上傳來一陣強烈的疼痛，好像被刺槍突襲。

「沒事……我只是有點累，沒問題。我馬……馬上過去……」

「真的沒問題嗎？」

H小姐皺眉。

「對不起，我馬上過去。」

「不用了……妳下午休息吧，明天再工作。妳好好保重。」

H小姐冷淡地說，隨即回去擠乳場。

神啊，拜託，希望這只是暫時的腰痛。

2012/10/19 **「逞強是兩面刃」**

結束早上的工作，我開了三十分鐘的車，偷偷前往整形外科打止痛針。

此外，我還買了特別訂製的束腹，花了我三萬日圓。

我還花了九千日圓做ＭＲＩ（核磁共振攝影），使這個月的薪水變成赤字。

我帶著空空如也的錢包回到牧場，和在休息的Ｈ小姐打了照面。

「辛苦了，之前給您添麻煩了。」

我忍著腰部痙攣的痛，笑著鞠躬，Ｈ小姐只應一聲「喔」。

我一言不發，寂寞地返回移動式住房。

「難道阿部妞兒身體不舒服嗎？」

我回過頭，見到小Ａ。

「沒有，沒問題啦，別在意，別在意。」

「阿部妞兒啊，經常把『沒問題』掛在嘴邊呢，明明不是沒問題。」

這番話，讓我嚇一跳。

「我說啊，阿部妞兒，妳如果很痛苦，可以向同伴撒嬌喔。」

那天晚上，小A帶大量的消炎貼布來探我的病。

「雖然我年紀比妳小，說這種話有點奇怪，但是如果妳有『困難』卻不說『請幫我』，我會很在意喔。」

「是……對不起。」我低下頭。

「工作有分適合與不適合，這是與生俱來的，沒辦法改變，所以………」

「逞強是沒用的，如果妳感到痛苦、難過，請妳直接說自己『有困難』吧。」

在遠離故鄉的極北之地，遇到如此的溫柔與人情味，使我不禁潸然淚下。

2012/10/20「H小姐的襲擊！」

「請坦率地撒嬌吧！」我被二十歲的小A這麼說，於是重新回顧自己的職場生涯。

的確，我常因公司倒閉或身體不適等原因離職，但是我是否懷有不論發生什麼突發事件，都要繼續工作的意志呢？我有為了繼續工作而努力嗎？

「因為薪水優渥……因為能讓父母安心……因為很安定……」我總是基於這些不成熟的理由來選擇工作，所以這些工作都是「被賦予的」，使我不自覺地逃離，無法持續工作吧？想到這裡，門外傳來「咚咚咚」的聲音。

我循著聲音，前去敲H小姐的門。

「那個……我是阿部，有點事想問妳……」

（經過三十秒）

我為她帶來困擾了嗎？

我想再敲一次門的時候，H小姐的房門突然打開。

「啊！」我慘叫。

H小姐的右手高舉鐵鎚，眼神銳利地盯著我。

「請不要這樣……對不起，對不起。」

「有什麼事嗎？」

我戰戰兢兢地睜開眼，看見H小姐的屋內地板散落著鉗子和鐵鎚等各種工具。

2012/10/21 **「兒時夢想」**

「沒想到H小姐的志向竟然是設計師。」

中午休息時間，我和小A坐在長椅上，吃著便利商店的便當聊天。

「H小姐利用牧場工作的空檔，製作銀飾上網拍賣，她的夢想是開一家自己的店。」

「H小姐也在為自己的目標努力呢。」

我自言自語。

「之前H小姐跟我說……如果找不到想做的事……**就回想兒時讓自己做到忘記時間，全心投入的事，以及沒有刻意去做卻受到讚賞的事。**」

那天晚上，我跟小A借來筆記型電腦，上網瀏覽H小姐的網頁。

網頁陳列著以飛鳥翅膀和幸運草為創作主題的手作項鍊與戒指，上面都刻有**「相信並展開羽翼」**的詩句。

真厲害……作品好美，相信夢想並付諸行動的H小姐也好帥氣。

那天晚上，我在床上輾轉反側。

受H小姐的啟發，我回想自己小時候「很熱衷、全心投入的事」。

但是，當那件事漸漸浮現，我卻感到一陣心酸，坐立難安的焦躁與不安漫至全身。

我緩緩地從棉被中坐起，像回到兒時，拿起筆在純白的筆記本上胡亂寫下此刻的心情。

「不行……絕對不可能，我怎麼可能有那種才能！我都三十五歲了，生活還這麼不安定，連失業保險都沒有，哪敢成為SOHO族*註，不可以，不可以！太危險，太危險了！啊，不……我錯了……神啊，對不起。」

我放下筆，躺在床上翻來覆去，大嘆一口氣。

從小，我就很喜歡「書寫」……書寫能讓我保持平靜。

我的身材從小就很瘦小、沒體力，也沒辦法用言語順利表達自己的想法，總是躲在別人後面，扭扭捏捏。

這樣的我只能在筆記本裡，毫不掩飾地表達「好開心、好快樂、討厭、恐懼」等心情。

但是，我不覺得自己有成為專職作家和撰稿人的才能……

「那是有天賦的人才能做的職業」……我這樣說服自己放棄夢想，就職於父親推薦的公司。

雖然有點嚮往SOHO族的工作，但我平常工作也不馬虎，願意盡一己之力好好工作，只是……

我在每個職場，都相信著「順利進行」這件事。

我相信人際、工作、戀愛，甚至是結婚……人生的每件事若都能順利進行，我應該就能過「還不錯的人生」，所以在不知不覺中完全忘記自己的兒時夢想，我全心全意地要讓這一切順利進行，即使這三十四年來，我已手忙腳亂地盡了全力，卻仍毫無所獲……

啊……什麼啊？事已至此，難道那就是我真正想做的事嗎？

為什麼，為什麼事到如今，我還……

＊註：SOHO族，原文為自僱人士，指工作的僱主是自己。這些人要承擔商業風險，不受勞基法保障，不能享受員工福利、有薪公眾假期、工傷賠償與退休金等，但有些人會加入職業工會。有些自僱人士是自由業者，較接近SOHO族，但公司、商店老闆也是自僱人士的一種，且不算是自由業者。

32 回想孩提時代，讓你可以專心到忘記時間的事，以及學生時代沒有刻意去做，卻受讚賞的事。

2012/10/23 **「受挫的夢想」**

我因惡夢而醒來，心臟無故撲通撲通跳。其實，我二十五歲至三十歲曾擔任「撰稿人」。

當時我完全沒有撰稿人的經驗，只有「成人ＡＶ業界」願意用我這種沒經驗又沒背景的人。我不是特別喜歡這個業界，但那是我好不容易才抓住的機會，不論是什麼領域，只要有人用我，我就謝天謝地了。

我開心地撰寫成人雜誌的文章、DVD的文案與AV女優的採訪。那時，我一點也不迷惘，完全忘記時間，心無雜念地投入。

但是我卻漸漸感到困惑與不對勁。

採訪AV女優的機會越來越多，這感受便越來越強烈。我從AV女優身上學到一件事——

賺錢，就是認真面對如何活下去這件事。

這是我的領悟，於是我感謝這個業界讓我再次體會書寫的快樂，並向它告別，因為我有其他想寫的主題。

我有朋友在使用義肢，所以我曾拜訪製作義肢矯形器的工廠，對義肢矯形師這份職業產生了興趣。

此後，我以東京都內為主，常去採訪關東附近的義肢製造所，我訪問使用義肢的患者，非常想以「義肢矯形師」為出書主題。

我想介紹義肢矯形師的精巧手藝，他們會依據每位患者的體形、個性與感受，以客製化的方式製作義肢。最重要的是，他們不只幫助義肢使用者回歸社會，還照顧他們的心理狀況，我為簡直身兼復健師的義肢矯形師深深感動，希望讓更多人認識這個職業，於是我拿著企劃書去出版社毛遂自薦。

但是，事情並不順利。

我的實力不足，而且「前AV撰稿人」的頭銜被放大檢視。

「雖然內容不差，但我們無法付錢給這篇文章喔。」

「很有趣，但不是我們的風格。」

編輯說的這些話，好像在否定唯一支撐我心靈的寶物，我很悲傷、不甘心……於是不知從什麼時候起，我便放棄把「書寫」當作「工作」。

幫助你找到真正想做的事

33

請再次嘗試過去受挫而放棄的職業。

2012/10/26「離職也要有情有義」

「這是重度的坐骨神經痛，非常可能引發椎間盤突出。」

醫生如此宣告，我的心臟因不安與緊張而收縮。

不行了吧？

早上三點，一個噴嚏讓我的腰強烈疼痛，我忍著痛，掙扎著起身。

心想如果無法繼續工作，一定要老實告訴雇主原因……我下定決心，去找老闆談話。

「對不起，我的身體已經到達極限，真的很對不起……請讓我辭職吧！」

一瞬間，我因老闆銳利的眼神而退縮。

但老闆想了一下卻說：

「小姐，妳從遙遠的東京跑來這兒，在牧場工作是頭一次吧？」

「是的。」

「所以我認為妳做得很好，令我出乎意料。」

「咦？」

「我知道妳想試試看，但這份工作很辛苦，幾乎所有人都是做一兩天就不做，可是我看到妳每天早上都開心地和牛說話。」

啊，他看到了！

「牛或許很開心妳能來到這裡吧。」

最後，我不僅接受了老闆的善意，也將三個月的合約改成兩個月，提前離職（真是慚愧）……

幫助你找到真正想做的事

34 不論基於什麼理由辭職，都不要隱瞞，有情有義。

2012/10/31「向H小姐請教」

我用止痛藥壓抑自己的腰痛，好不容易完成兩個月的工作。離開前，我去跟H小姐打招呼。

「我已聽老闆說妳辭職的事，請保重身體，再見。」

H小姐比我先開口。

「我看了您的網頁，作品很漂亮。」

H小姐聽到我的話，不知該說什麼。

「真是謝謝您。」

「該怎麼做……才能跟H小姐一樣，該怎麼說呢……我也想相信自己，勇往直前……」

「什麼？」

「我……我想起自己『曾經想做的事』，但我沒有像H小姐一樣，全心投入的自信……我懷疑自己是否有才能，畏縮不前。」

聽到我突然吐出的話，H小姐一臉困惑。

這時，遠方傳來老闆呼喚H小姐的聲音：「來幫我一下！」

「不好意思，我還有工作……」

H小姐走向牛舍。

2012/11/01「目睹牛隻生產」

我護著腰，緩慢地準備用餐時，突然對自己的身體感到非常生氣。

如果不是這副虛弱的身體，或許我可以讓自己的人生更燦爛、更積極……此時，外頭傳來老闆的聲音：

「喂，小堇。加油啊，小堇！」

小堇？

我看向牛舍，懷孕的「小堇」出現分娩的徵兆。

之前，我每天被工作追著跑，不太有機會見到牛生產，現在我終於能親眼目睹生命的誕生，我屏息以待，但是……

竟然是死產。

約五分鐘後，小牛的前腳出來，再十分鐘，小牛的頭也出來了，小堇的呼吸變得粗重，使勁地「呼哈、呼哈」喘息……

但不知道是什麼原因，小堇突然不再集中精神。

牠完全放空……明顯地放棄生產！

老闆拚命想從小堇體內拉出小牛，可是當事者小堇卻擺出「唷～好啦，我好累唷～」的臉，一派不以為然。

期間，小牛耗盡體力，蒙主寵召……

這景象太震撼，我嚇呆了。

突然，我腦中浮現某個念頭。

雖然這麼說很對不起死產的小牛，但是……

腰痛、虛弱的身體與宿疾算什麼！

我不是雙腳站直，好好地活在世上嗎！

我放任自己長年累積的自卑感，看清自己的弱點。

出生以來，這是我第一次感謝自己的身體。

幫助你找到真正想做的事

35

及早接受自己的弱點。

2012/11/02「老闆娘的美麗自尊」

我在整理回東京的行李，老闆娘送來田裡摘的無農藥新鮮蔬菜。

「這份工作很辛苦吧！連我也覺得很累呢。」老闆娘說。

老闆與老闆娘是在老闆母親的建議下結婚的。

那是大約十多年前的事。當時，老闆娘以短期打工的身分來此幫忙，老闆的母親覺得老闆娘「個性好、能幹」，所以促成這樁親事。

「老闆娘本來就很喜歡酪農業吧。」

「這是沒有休假的工作，但是我覺得世上沒有比這更棒的工作。」

「為什麼呢？」

「因為對牛付出感情，牠們便會回報相應的牛乳量。除了酪農業，我不知道還有什麼工作會如此直接地給予回報。」

「所以我喜歡這份工作，我覺得這是我一輩子的工作。」

我產生錯覺，覺得老闆娘這番話好像是說給我聽的，不知何故，我一陣心酸。

「可是每次我才要全心投入工作，就出現阻礙……」

我跟隨著老闆娘的視線，看到老闆在割草的身影。

「我想讓牛生活在舒適的環境，生產美味的牛乳，為了這點，我知道要做的事還有很多。」

「我覺得這是我一輩子的工作。」

因為喜歡這份工作，所以老闆娘才決定要一輩子努力做這份工作，聽到她這番話，我羞愧極了。

幫助你找到真正想做的事

36

捫心自問，即使碰上難關，你也會一輩子努力做下去的工作，是什麼？

2012/11/03 **「離開牧場的早晨，H小姐的臨別贈言」**

回家的那天早上，天空下起大雨。

我不確定飛機是否能飛行，因此打算先前往機場。

老闆夫婦與小A送我到屋前，我穿過雨幕正要坐進計程車的時候，H小姐從擠乳場跑過來，啪嗟啪嗟濺起水花。

「雖然時間短暫，但這段時間受您照顧了。」

我向H小姐深深鞠躬。

「阿部小姐……如果想找到真正想做的事，請別考慮自己有沒有才能。」

咦？

「我也不覺得自己有設計的才能，但即使如此，我還是無法放棄，所以才會嘗試做各種作品。家人也說『做這種賺不了錢的工作，簡直像個笨蛋』，但是……」

「遭到反對，馬上就放棄的事，不是你真正想做的事。」

H小姐快速說完這些話，只留下一句「再見」便再次跑走，啪噠啪噠地濺起水花，身影消失在擠乳場。

幫助你找到真正想做的事

37 不要考慮自己是否有才能，付諸行動的人才能接近夢想。

2012/11/04 **「我真是一個無可救藥的笨蛋！」**

我搭上誤點兩小時的飛機，在灰暗的天空下，眺望地面上的廣大北海道甜菜田，雖然只有短短兩個月，但我從牧場所有人與牛的身上學到很多。

可是，我不只覺得感謝，心情也有點複雜。

完全出乎我的意料。

我一直妄想著找到「真正想做的事」，我被烏雲籠罩的心便會放晴，人生將會灑下希望的光。

但當我真的找到「或許是我真正想做的工作」，我卻淨想著逃避。

H小姐的臨別贈言閃過腦海。

「如果想找到真正想做的事，請別考慮自己有沒有才能。」

我是不是連這句話都想「抹去」呢？

幫助你找到真正想做的事

38

要將興趣當副業還是本業，要以什麼方式做真正想做的事，是不同人生觀的選擇。

睽違兩個月，我再次回到位於東京的公寓，隔壁大樓的施工已接近完工，這個房間原本唯一的優點就是採光好，但現在陽光完全照不進來。

我苦於腰痛復發，卻沒有男友讓我借住他家……只能返回故鄉茨城。

我向住在老家的父母、兄嫂與他們的三個孩子（七歲、六歲、三歲）鞠躬：

「請讓我暫時住在這裡，等我腰痛的情況穩定下來，我會幫忙家裡。我會幫忙看小孩，幫他們洗澡，拜託你們！」我提出這個請求，雖然經歷一番波折，最後還是獲得他們的同意。

2012/11/31「三十五歲的生日」

我從家中庭園眺望不起眼的筑波山。
母親碎唸著，今年的氣溫變化不明顯，紅葉一點也不美。

我三十五歲生日的那天，母親貼心地叫了壽司外賣。
我和年近七十的雙親、兄嫂與三個孩子圍繞著餐桌。
在孩子走音卻溫暖的歌聲中，一家團圓吃飯。
用餐接近尾聲，我怯怯地開口：「我有話想說。」

「那個……我……想以撰稿人為目標……」

我這番話讓平和的氣氛瞬間凍結。
頭髮比去年還白的父親抽動眉毛。
但接下來，家人們卻若無其事地繼續吃飯。

三歲的姪子說：

「媽媽，『撰稿人』是什麼？」

嫂嫂制止了不識趣的天真提問：「安靜吃飯！」

（經過三分鐘）

「爸爸，我想以書寫為工作……」

突然，父親把燒酒玻璃杯猛然放在桌上。

「混帳東西！三十五歲身無分文跑回老家也就算了，現在還想成為撰稿人？妳的腦袋到底有什麼問題？」

孩子們受到驚嚇，一齊放聲大哭。

「我知道爸爸的想法……但是，這是我用自己的方式得到的結論，我想告訴爸爸我真正的想法……」

陷入混亂的父親搔著頭說：「妳說什麼？」

「談論夢想之前，應該先談自立吧，我可是不知道什麼時候就會死的人。這個家也不再是妳的家，啊，妳的腦子還停留在十年……不對，二十年前！」

我生日的當晚，父親的怒吼持續到深夜……

幫助你找到真正想做的事

39 找到想做的事，要先告訴身邊的人。

2012/12/30「歲末的某天晚上」

依照歲末的慣例，我站在播放貝多芬《第九號交響曲》的超市酒類賣場，準備伸手去拿發泡酒，卻突然停止動作。

真是睽違了一年呢。

我後來買了中等價位的香檳，前去拜訪高中時代的友人。

平安無事過完這一年，我有一位無論如何都想見的人。

「今天能見到面嗎？」

我帶著久別重逢的喜悅與緊張感，前往她家。

「好久不見……小涼。」

穿睡衣的她雖然表情僵硬，仍露出一抹微笑。

小U是家中三姊妹的長女，從小接受異常嚴格的教育。

她的雙親是教師，許多親戚也都從事與教育相關的職業，因此小U順勢成為小學教師……但是有一天，她卻患了憂鬱症。

小U其實想成為一名漫畫家，但是她的個性溫柔又纖細，所以不敢違背父母的期待，不斷努力、忍耐，於是成為教師之後，她的心理狀況便崩壞了。

這樣的小U在得了憂鬱症的第六年，透過電話對我說：

「想做喜歡的事情活下去是不可能的嗎……真是的，都這把年紀了，還說要畫漫畫，我真是笨蛋。」

我無言以對。

我和小U想的事是一樣的，因為我也總是把注意力集中於年齡與別人的想法，於是放棄了很多事。

「沒這回事，不論幾歲都可以做自己喜歡的事喔，我們一起加油吧。」我好想變成能這麼對小U說的人。

因此，我想先找出「真正想做的事」，再去實行。

我毫不保留地對小U敘述這一年來的事。

年屆三十四還去銀座當女公關、愛上黑服M先生……

去深山鍛鍊身心、認真面對自我、去北海道牧場、看到放棄生產的牛備受衝擊、自然地覺得「只要活著就很好」。

此外，我也找到「或許是自己真正想做的事」，但卻考慮到實際的生活，以及自己的才能，而徬徨不安，無法踏出第一步。我全部從實招來。

「真是太好了，小涼。」

我說完所有的事，小U輕輕對我笑。

「妳要寫成書吧？妳實現夢想了！」

「但是，我很害怕，因為……」

我無故哭了起來。

「妳真是笨蛋。記得妳高中的時候說過，將來要去全世界旅行，採訪在各地工作的人，告訴人們世上有很多種工作，各有趣味。」

「太好了，小涼。啊，我好像有想法，想要再次動筆畫漫畫了，哈哈！」

收支表（2012年9月～11月）

▶2012 年 9 月（牧場工作）

- 薪資明細 180000 日圓
- 所得稅 -18000 日圓

- 固定支出 100500 日圓 ……※（參照 P114）
- 交通費 30000 日圓（東京→北海道）
- 伙食費 18000 日圓
- 瓦斯費 8000 日圓
- 雜支 5000 日圓

薪資收入……162000 日圓

支出小計……161500 日圓

薪資收入（162000）－支出（161500）＝500 日圓

★存款餘額 311600 ＋ 500 ＝ **312100** 日圓

▶2012 年 10 月（牧場工作）

- 薪資明細 180000 日圓
- 所得稅 -18000 日圓

- 固定支出 100500 日圓 ……※
- 伙食費 25000 日圓
- 瓦斯費 20000 日圓
- 雜支 30000 日圓（買特別訂製的束腹）
- 醫療費 24000 日圓（包括保險不適用的治療、MRI 費用）
- 雜支 11000 日圓

薪資收入……162000 日圓

支出小計……210500 日圓

薪資收入（162000）－支出（210500）＝－ 48500 日圓

★存款餘額 312100 － 48500 ＝ **263600** 日圓

▶2012 年 11 月（因腰痛復發返鄉）

- 固定支出 100500 日圓 ……※（參照 P114）
- 交通費 30000 日圓（北海道→東京）
- 餐費 15000 日圓
- 醫療費 22000 日圓（包括保險不適用的治療費）
- 搬家費 95000 日圓（包括處理大型垃圾的費用）

收入……0 日圓

支出小計……262500 日圓

★存款餘額 263600 － 262500 ＝ **1100** 日圓

一年前的存款餘額 **980000** 日圓……

一年後的存款餘額為 **1100** 日圓

後記

二〇一三年六月，天空下著雨。

在老家的庭院中，四歲的姪子撐著他喜歡的麵包超人雨傘，在雨中玩耍。

我待在老家的房間，一邊哼著〈麵包超人進行曲〉，一邊寫作。

隔著紙拉門，隔壁房間傳來父親剪指甲的聲音。

我和父親從我生日的那晚到現在，都沒好好談過話。

雖然我沒有和父親面對面說話，但仍幫父親泡茶、買父親喜歡的咖啡豆煮給他喝……我以自己的方式，安靜而緩慢地等待，相信總有一天能縮短自己與父親的距離。

我痛徹心扉地了解父親說的話。

站在父親的立場，三十五歲的女兒身無分文（而且還有嚴重的腰痛）跑回老家，還說「想成為撰稿人」，難怪會失去理智。

我很抱歉讓家人受到打擊，但是正因為我到了這個年齡才向父親表明自己的心意，我才發現……

或許過去我一直都只想成為「父親所期待的女兒」。

在穩定的公司工作，二十幾歲結婚，讓父母抱孫子……過去，我很想成為這種「普通女兒」。這麼一來，我就能獲得父親的認同……雖然沒有根據，但這孩子氣的想法卻一直盤踞我心。

所以，我討厭無法成為「普通女兒」的自己，因此無法認同真實的自己。

我憧憬著「自我本色」，卻也害怕了解自己真正的心意。

如果我面對自己，發現隱藏在心底的慾望，以及……埋藏在黑暗中的記憶……發現連自己都不了解的自己，該怎麼辦呢？

整個二〇一二年，我為許多人添麻煩，雖然有時會被嚴厲地訓斥，但這是我第一次貫徹決心，而且我也因此能夠好好面對自己的人生了。

我拿著本書的企劃書與原稿，拜訪了二十多家出版社，到處推銷（這招學自我應徵銀座女公關，連面試通知都沒收到，就上門自我推銷的經驗）。

很幸運地，SB Creative 的比嘉小姐對來路不明的我說：「妳要不要寫寫看呢？」那時，我當然開心不已，猶如飛上天際。

但是，我的挑戰才剛開始。

最後，我要感謝你，在眾多書籍中拿起這本書。

回想這一年，有很多人都驚訝地對我說：

「妳要正視現實啊！」「要不要先找對象呢？」

即便如此，我還是努力寫作。

因為這種即使不被認同，我還是想做的心情，是我這輩子第一次擁有的。

我認為，人生不只有工作，要相信自己，也不是那麼簡單。

但是，若能把「興趣」當成工作，人生便會變得簡單，更容易滿足，認同自己。

尋找天職的旅程可能會經歷許多困難，但一定也會碰上許多幸運的事。如果你找到自己想做的事，請從能夠做到的部分開始進行。

我相信，你一定能找到最適合你的工作。

幫助你找到真正想做的事

40

自己的人生，不需要遷就任何人的期望。請立刻下定決心，感謝為自己擔心的人，面對真實的自己，活下去。

國家圖書館出版品預行編目資料

夠了！我要辭職:35歲、21個工作，廢柴追夢奮鬥史 / 阿部涼作；楊鈺儀譯. -- 初版. -- 新北市：世茂, 2015.07
面；　公分. --（銷售顧問金典；83）

ISBN 978-986-5779-85-6（平裝）

1.職場成功法

494.35　　104009001

銷售顧問金典83

夠了！我要辭職
35歲、21個工作，廢柴追夢奮鬥史

作　　者 / 阿部涼
譯　　者 / 楊鈺儀
主　　編 / 陳文君
責任編輯 / 石文穎
出 版 者 / 世茂出版有限公司
負 責 人 / 簡泰雄
地　　址 / (231)新北市新店區民生路19號5樓
電　　話 / (02)2218-3277
傳　　真 / (02)2218-3239（訂書專線）、(02)2218-7539
劃撥帳號 / 19911841
戶　　名 / 世茂出版有限公司
單次郵購總金額未滿500元（含），請加50元掛號費
世茂網站 / www.coolbooks.com.tw
排版製版 / 辰皓國際出版製作有限公司
印　　刷 / 世和彩色印刷股份有限公司
初版一刷 / 2015年7月

ＩＳＢＮ / 978-986-5779-85-6
定　　價 / 320元